FINERMAN'S RULES:
SECRETS I'D ONLY TELL MY DAUGHTERS ABOUT
BUSINESS AND LIFE

C.K.主义

华尔街女王的职场精英养成术

〔美〕卡伦·费尔曼◎著
王莹◎译

重庆出版集团 重庆出版社

CONTENTS
目 录

中文版序：是什么阻碍了女性的职业提升？　　　　1

第1章　C.K.主义炼就成功女孩　　　　1

第2章　最大的绊脚石通常是你自己　　　　13

第3章　为自己造势，再造势　　　　47

第4章　尝试不对称风险　　　　79

第5章　找到你内心的决策者　　　　101

第6章　如何正确分析失败　　　　129

第7章　选择最能反弹的道路　　　　153

第8章　活在当下没那么简单　　　　177

第9章　有时你要宽容待己　　　　　　　217

第10章　你的钱财你做主　　　　　　　239

结束语　那个错过的男人　　　　　　　271

中文版序

是什么阻碍了女性的职业提升？

我写这本书的用意是帮助女性拓展她们的职业道路。我花了相当多的时间来研究是什么在妨碍女性实现这个梦寐以求的提升。结果出乎我的意料，问题竟然在女性自身。

首先，最重要的是，如果可以的话，请自己赚钱。或者至少知道钱在哪里，以及投资于何处。经济富足意味着自主的权力，永远别把这个权力交给他人。这将是女性如何看待自身在婚姻、职场和社会中的地位的关键。

我知道，不论在中国还是在美国，千百年来的传统并不是一代人所能颠覆的，但是形势已经开始扭转。关于"转变"，我经常想起那句话："起初循序渐进，然后突如其来。（Gradually at first, then all of a sudden.）"这是进化的自然规律。我们要保持势头。女性必须自我拥护、敢于冒险、勇于向前，无论目前成功与否，都要坚持不懈。

还有重要的一点是，我们应当转变传统观念，不再把雄心抱负视作毒蛇猛兽。为什么我们对于成功这个想法表示认同，但却羞于流露实现这一目标的渴望？有雄心壮志就意味着要担负更多的责任，意味着要承担风险来表达我们的意见，对我们的想法负责——换句话说，我们要为自己的立场埋单。

哪怕我们心里充满畏惧，哪怕希望可以就此逃避，哪怕认为自己还不够好，我们也要信心十足地大步向前。别一味等待重拾信心的那一天。鼓起勇气，别管其他，勇往直前，你很快会发现你的种种疑虑将会被肯定所替代——对身心和精神的肯定，以及对你整个自我的肯定。

最后，别等待别人来告诉你如何生活，你的命运该由自己主宰！

（卡伦·费尔曼）

第1章
C.K.主义炼就成功女孩

"我只给我的女孩们买加尔文·克莱因（CK）牌子的衣服，让她们习惯穿优质品牌。所以，等她们大学毕业后，就得自己去想办法赚钱维持一贯的衣着品质。"

没错，这就是我母亲大人的人生哲学。不知我见过的人当中有多少在听到加尔文主义时会做出不同的理解，但我们四姐妹一律认同母亲的这个版本。

我被培养成了一名"加尔文主义者"。

或许你觉得你知道何为加尔文主义[1]，但本书采用了完全不同的另一种定义，它源自我母亲经常对我们四姐妹说的一段话："我只给我的女孩们买加尔文·克莱因（CK）牌子的衣服，让她习惯穿优质品牌。所以，等她们大学毕业后，就得自己去想办法赚钱维持一贯的衣着品质。"

没错，这就是我母亲大人的人生哲学。不知我见过的人当中有多少在听到加尔文主义时会做出不同的理解，但我们四姐妹一律认同母亲的这个版本。

温蒂是我们家的长女，她成为一名好莱坞制片人。她制作的影片有《时尚女魔头》、《继母》，以及曾获奥斯卡最佳影片奖的《阿甘正传》等。与其他从事电影行业的人不同，温蒂起初在这一行并没有任何人脉，她凭借锲而不舍的精神，找到了一份协助著名制片人史蒂夫·蒂彻的工作。正是由于这种坚持不懈和对梦想的执着，她最终把《阿甘正传》这本小说制作成了史上最成功的电影之一。

家里的老二是我的哥哥马克，由于他是个男孩，幸免于我母亲的"加尔文主义"教育，但他也做得不赖，现在是房地产界知名的投资人。在房地产这个圈子里，几乎每个人都认识他。提起他，人们总会笑着对我说："我喜欢

---

[1] 加尔文主义是16世纪宗教改革时期，法国著名宗教改革家、神学家约翰·加尔文毕生的许多主张的统称，后来成为清教徒思想的核心。——编者注

你哥哥。"

马克年轻时有过一段短暂的职业网球生涯。之后，他意识到，似乎可以通过教别人打网球来赚钱，或者学一些经营技能来赚钱。他曾教一名地产大亨如何打上旋球，直到有一天他灵光乍现——自己何不也做个地产大亨呢，一名会打网球的地产大亨！

他先后在野村证券和瑞士瑞信银行工作过，是两位知名地产经纪人的得力助手。之后，他成了商业抵押担保证券行业的领军人物，这种证券专门用于为建造办公大楼和大型购物中心筹措资金。再往后，他的事业可以说是蒸蒸日上。然而在我心目中，他仍然是那个从小和我一起长大的小男孩。如同电影《长大》中的汤姆·汉克斯一般，尽管他生活的康涅狄格州的格林尼治镇是个居民相对成熟的地方，他的居所也是按成人需要设计的，但是马克家里有好多玩具，所有你可以想象得到的玩具，比如，汽车、马、弹球机、树屋、幼儿学步车、蔬菜园、室内篮球场和糖果机，而且他直到现在仍然醉心于漫画书。

第三个孩子就是我了，家里的假小子、书呆子和对冲基金的联合创立人。

最后说说我那两个小妹妹。莱斯利跟随我的轨迹，也进入了金融圈。她从伯克利毕业后就直接去了摩根·士丹利。随后她又更上一层楼，成为一个大型信用对冲基金的分析师。最近莱斯利选择了一条我们家族少有人走的路,暂时当了一位全职妈妈。莱斯利在我们家中被视为酷的代表和时尚专家。在她怀孕九个月的时候,她还能像个包工头一样负责装修翻新整套公寓。

最后是我们当中最小,也可能是最聪明的斯泰西。她刚从沃顿商学院毕业就去了所罗门兄弟(投资银行)工作,之后又被苏格兰皇家银行给撬走了。2008年金融危机过后,她又受雇于高盛公司。

在一次和男朋友分手后,她决定好生使用她积攒起来的、白天上班没用完的精力,立志成为一名世界级的铁人运动选手。从此,她把自己变成了一台超级耐力机器。她并不满足于在限定的17个小时之内完成2.4英里游泳、112英里自行车和26.2英里马拉松等比赛项目。她瞄准的目标是把自己的个人最好成绩从12个小时再缩短一点。

有趣的是,我们兄妹几个都从悠闲的南加州搬到了纽约市或其周边地区,我们都渴望能在这个大都市获得成功。

在逐步向孩子们灌输带有她个人特色的"加尔文主义"的同时,我母亲并不赞同在我们小时候流行过的一些类似"幸福就是一只温暖的小狗"、"自由做自己"等抚养教育模式。我觉得,她或许坚信,对孩子一味地施以温柔和慈爱,只会让他止步不前、安于现状,而不去努力地更上一层楼。她一直告诉我们,我们可以并且应当做得更好,无论是在学业上，还是在运动爱好上，抑或是在我们的志向上。如果你问我母亲："你希望你的孩子成功还是幸福？"她会毫不犹豫地回答你："成功！你不成功又怎么会感到幸福？"

这句话一直伴随我成长。它深深地扎根在我的脑子里，我甚至记不清到底是什么时候听来的，它似乎一直就在那儿。凡是来过我家厨房（街坊邻里聚会的地方）的朋友都听过这话。在通常情况下，其他母亲问的是"吃的东西够不够"或者"最近有没有交新男（女）朋友"，而我的母亲会对我的一些胸无大志的朋友说："没有计划，你将来怎么养活自己？"

青少年时期，我跳过了追求成名（在世界娱乐之都洛杉矶长大的孩子通常都追求成名）、快乐、满足以及精神启迪（同样十分常见）等阶段，直接把目标定为追求成功。我觉得，想干就干吧，"向前进"成了我的座右铭。

我渴望着出去见识外面的世界，找一份很棒的工作，做出成绩，然后看看我究竟能走多远。我还渴望向人们展示我母亲灌输给我们的哲学，希望它能像女神卡卡（Lady Gaga）的演出那样精妙绝伦。我清楚地知道，我必须先成功，才有可能感到幸福。

所以我把事业目标设定为赚钱、独立，并在华尔街有一番作为。当我做到了这些之后，我发现我在华尔街所学的东西，同样适用于人生的其他方面。制订计划，投资于将来——为了你的经济保障,你的爱情生活,你的个人发展,甚至是你的快乐。只要最终你能感到快乐,不妨就把快乐作为初始目标去计划和执行。机遇固然是件美事,但希求运气不应该成为缺乏积极主动性的借口。我必须时时告诫自己,等待并不是一种人生计划。

在我通往成功和寻找幸福的路途中,我目睹了一些人的巨大成功及其背后的原因,也看到一些更有才华的人反而裹足不前、被击垮或是一遍又一遍地重复着同样的错误,这让我积累了大量的经验和智慧。我更看到女性不断地成为自己成功路上的绊脚石,这种景象太常见了。

这就是这本书的意义所在,它集中了我的人生故事和经验教训——我如何发现自己想要的东西以及为了克服困难需要学会的技能——混合了一些朋友、兄弟姐妹及同事们的共同智慧。

通往成功的道路(无论是事业还是生活)并不是一帆风顺的(看看你的周遭,又有哪个人心想事成),我必须不断地尝试、失败、再次尝试。我必须想出一些原则和规矩来充实我母亲的C. K.主义观念。

这并不是一件简单的事,因为别人通常不会告诉你一些人生真相,女性尤其不喜欢公开说这些,但它们却是其他女性有必要去了解的事情。我不在乎我说的东西是否政治上正确。当我开始写这本书的时候,我意识到我的孩子们还不懂得、也从未考虑过他们将来必须独立自主，虽然我曾自认已经把这个信息深深地植入他们脑中了。他们将来要为自己的生活负责，他们需要全面了解这些事情。

我清楚地知道自己要的是什么——成功。对我来说，成功就是成为有钱人——我希望你也这么想。我希望你拥有足够多的钱，以及钱所带来的自主性。只有拥有了金钱，金钱才不至于成为一桩问题，才不会决定你能做什么或不能做什么、成为或不成为什么样的人。有钱是件十分开心的事。我还记得我刚上大学时的那种不受任何限制的、令人雀跃的自由——没有就寝时间，没有宵禁，没有规章制度——我喜欢这种一切皆由我做主的感觉，有时我简直不敢相信自己不需要向任何人汇报。而四年半之后，当我领到第一笔奖金的时候，我再次体验到了这种激动。所有的钱都由我支配、无须向任何人汇报，也能带来那种不受任何限制的喜悦。

那笔6000美元的奖金让我自成年以来第一次感受到成功。从事金融行业后，我接触的钱越来越多，但是第一笔奖金所带来的成功的兴奋感始终是最令人难忘和意义非凡的。

我大多数时间都混在男人堆里。小时候，我是个假小子，喜欢成长过程中接触到的所有运动项目。女孩子们都不喜欢运动，使我很受挫，所以我每天下午都和男孩子们一起玩。初中的时候，我被允许加入男生的体育课——和65个刚刚发育的男生一起运动。没有什么事情是他们做得到而我做不到的。这样的安排一直持续到高中我加入女子网球队之前。

尽管我爱好运动,但我从青少年时便明白我并不是真的想成为一名职业运动员。幽闭的环境以及专横的家长(教练)绝对不是我想要的。而且不知怎么地,我觉得我在运动上并非特别出色,更确切地说,没出色到能一直坚持走下去的程度。母亲的家教方式让我感到我需要一个计划。下意识地,我开始思索,长大后我能做什么,但是当时没有人可以指导我。

虽然我把我母亲视作一个坚定的,热忱的家长和老师,但同时她也是一位在家中无权无势的母亲。因为挣钱的人才有决定的权力,无论他们是否用高压手段行使这种权力。

我父亲是一位知名的、受人尊敬的整形外科医生(同时还担任加州大学洛杉矶分校橄榄球队和篮球队的队医)。他收入不菲,但仍然能感受到孩子们所带来的经济压力。

我记得,有一次母亲(她喜欢把自己想象成为一名有才的室内设计师)买回了一张她认为非常漂亮的双人座沙发。但父亲觉得这张沙发太贵,母亲因此备受打击,非常尴尬地不得不把它退了回去。当时,她那意志消沉的样子令我十分难受。

她要是能不向他要钱就好了。

这让我认识到,金钱不是用之不尽的——它不但有限,而且有限制——我永远都不希望某天我要向男人(或任何人）伸手要钱花。我想要我母亲所没有的自由，而钱就是得到这种自由的方法，有钱总是好的。

当我15岁时，随着对经济独立的渴望在我脑中扎根，一个东西引起了我的注意。那是一篇配有伊凡·波斯基大幅迷人照片的、刊登在洛杉矶时报金融板块的头版文章。

伊凡·波斯基在犯内幕交易罪而锒铛入狱之前，是华尔街著名的风险套利商，是华尔街巨子，总处在高风险交易和巨额资金的中心。只要他能做出明智的选择，他就能轻而易举地从中获利。这看上去一点都不难，任何人都做得到，事实上我也做得到。

就像那样！我一下子被收购公司股票交易的刺激深深地迷住了。我知道我要什么了，我想成为一名风险套利商——套、利、商——我喜欢这个词的发音。我想要做这行，我也想要赚大钱。我喜欢创造自己命运和主宰自己人生的感觉。这并不像许多其他女孩子的梦想——成为一名时尚设计师或是歌星——那么虚幻。我找到了我的职业，我将来要从事这个职业，我命中注定要去华尔街！

我告诉父母我打算只申请宾州大学的沃顿商学院[1]，因为

---

[1] 沃顿商学院：美国宾夕法尼亚大学沃顿商学院创立于1881年，是美国第一所大学商学院，也是世界首屈一指的商学院。沃顿在商业实践的各个领域有着深远的影响，包括全球策略、金融、风险和保险、卫生保健、法律与道德、不动产和公共政策等。它的商业教育模式是在教学、研究、出版和服务中处处强调领导能力，企业家精神，创新能力。——编者注

这是进入华尔街最好的选择。如果不被录取的话，我干脆不读大学了。

对比后来一连串乏味的风险和收益计划，这是我人生中比较值得纪念的计划之一。幸运的是，我被沃顿商学院录取了。我记得出发去学校前，我母亲明确地传达了她的意思，"在你功成名就之前，别回家"，虽然她口头上没直接这么说。

转眼至今，许多事情都比我想象得要顺利得多。我努力地工作，运气超好，当然也失败过很多次。

我的成功之处有这么几点：一个有爱的家庭——两对龙凤胎（杰克和露西，生于1997年；凯特和威廉，生于2001年）。一个始终相伴的丈夫，劳伦斯·戈卢布。不论情况好坏（我们之间两者都有），他始终是我今生的挚爱。我还有一些小学、中学、大学以及毕业后认识的朋友，他们鼓励我，逗我开心，完全地包容我。

最后也是最重要的一点，就是我的事业，它成就了我对金钱、自由、影响力以及追求刺激的梦想。另一份工作也不赖，在全美广播公司财经频道（CNBC）的《快钱》节目中对市场和投资发表评论。

再来说说失败之处：很多年以来，我都觉得自己不够成功，也十分介意他人的眼光，这使我精疲力竭，备感压力。我怀过两次双胞胎，由于某种原因，两次怀孕考验了我的体力、意志力和婚姻关系。

我做生意失败了无数次,无论是在投资上还是在领导上。我的生意曾经陷入绝境——都怪我们自己的失误和自负,而不能归咎于全球市场崩溃。我曾经为自己是一个在职妈妈而对孩子们有点小小的愧疚,尽管现在我早习以为常了。而且我几乎没有休息时间,虽然我明白前面的路将充满障碍、错误以及生活中的种种不幸,但现在我没工夫担心这些。

以前我并没想到,投资成功和在华尔街工作能对找寻下半生的幸福以及"成功"有很大益处,也不曾刻意把证券管理的决定比作人生的决定,然而这些年的真实人生经历,恰恰让我得出这样的结论。

在男性主宰的行业工作会让这种感觉更加明显。你的行业或许和我的不同,你的生活或许和我的也不同,但是我想让你认清女人的劣势,帮助你避开这些圈套,而不想浪费时间抱怨男女之间的不平等或是女人在男人主宰的领域所要面临的挑战。请尽你所能向男人学习。

从其他人的失败或者成功中学到哪怕一样有价值的东西也是值得高兴的事。如果你能从我做的蠢事中学到点东西,也许你就能避免重蹈覆辙。老实说,如果你做得到,我将觉得非常荣幸。

在你人生道路上有许多选择都将有助于成功——不论是在工作中,还是在工作和其他事情的微妙平衡中。其实你可以使事情简单化,尤其是当你对自己和其他人坦诚相待的时候。很多决策方式可以提高成功的几率。而关于冒险,最符合实际的认识就是——风险无处不在。所以,与其考虑避免风险或者让步于你不能左右的决定,为什么不去试着解决它?我们还要学着处理自己的拘谨,迎难而上,把自己豁出去。虽然这样会经常让你感到不适或错误,但这才是正常和正确的做法。

第2章
最大的绊脚石通常是你自己

很多时候,女性都会死守着这个观念:"命里有时终须有,命里无时莫强求。"我们把它用在了寻找合适的工作、合适的公寓,甚至合适的另一半上。这真是大错特错!

我们都要允许自己获得巨大成功,脱颖而出,不再假装我们没有目标和梦想。我们要敢于提出自己的要求。我们要为自己而奋斗,而不是跟其他人,包括男性,去做比较。

女性在事业上的最大障碍就是她们自己。从我们刚步入职场开始，太多女性在做决定的时候根本不把成功的可能性考虑进去，更别提评估其大小了。甚至女性当中最有文化和雄心壮志的人都会认为女人要成功简直难于登天。你要承担的事情将会比你办公室中的任何男同事都要多。

事实确实如此，就像我的朋友珍妮特经常说的那样："如果足球比赛能用手的话，那就简单多了。可惜你不能。"

我记得有一次杰克踢输了一场足球比赛，垂头丧气地回到家，我试图向他解释，为什么抱怨不公平只是在浪费时间。当时，他没完没了地诉说着对裁判的不满，地上的泥水，对于他们队处罚的不公，等等。我不为所动地看着他，复述着这个真理："如果足球比赛能用手的话，那就简单多了。可惜你不能。"他同样不为所动地看着我，然后说："但是，妈妈，我是守门员。"

虽然这次教学有点讽刺意味，但是在短暂的笑声过后，他还是理解了我想表达的重点：生活很艰难，一味地抱怨并不能解决问题。通向成功的道路充满着荆棘，对于任何人来说都是困难重重的。但是我们必须战胜这种误导人的想法，跨过自己设下的不必要的障碍。

我知道我们不能对两性间的差异给出合理的解释，或是让这种差异消失。从生物学角度来讲，这是与生俱来的，凌驾于教育、训练、培养和专业之上，也不取决于我们对于男女分工的内在愿望。如果一个婴儿半夜里哭闹了，孩子的父亲有可能会醒过来，然后看能不能让孩子不要哭，也可能根本听不到。但女人不可能听不到孩子哭。如果她在哺乳期的话，乳头还会自动分泌乳汁。对于同样的刺激，男女有很不一样的反应。

我的方法一直都是着眼于现实，而不去过多地抱怨不平等。通向成功之路对于女性来说本就不同。女性要想成功，所必须面对的障碍已经够多了。我们应当扫清自设的障碍，创造更多的机会。通过不断摸索，我懂得了一个道理，当你开始敢于提出自己的要求，察觉你老板、同事及客户的需求时，你就已经向成功迈进了一步。

我们会作茧自缚，在自己的道路上设置人为的障碍。这些障碍包括我们对成功这一概念的矛盾心理，包括我们不愿意表现突出、引人注意，还包括在事业刚起步的艰难时期，我们想要停下来等待一个"完美的"工作，或者自欺欺人地把事业等同于约会，期待自己哪天会被"选中"。很多时候，女性都会死守着这个观念："命里有时终须有，命里无时莫强求。"我们把它用在了寻找合适的工作、合适的公寓，甚至合适的另一半上。这真是大错特错！

我们都要允许自己获得巨大成功，脱颖而出，不再假装我们没有目标和梦想。我们要敢于提出自己的要求。我们要为自己而奋斗，而不是跟其他人，包括男性，去做比较。

我建议用下列几个步骤来搬走你的绊脚石。

一、摆脱束缚，渴望成功

首先，让我们从最大的障碍开始，那就是觉得想要成功或是获胜会给人留下不好的印象。（对于很多女性来说，成功本身并没什么不好，但是她们会介意这种想要成功的主观愿望。）明白下面这个道理并不需要任何社会学方面的研究：

如果你不主动地渴望成功，又如何使别人相信你值得拥有它？

不论我们的愿望是什么——做第一个女总统，发明一种具有突破性的药剂，领导人类首次登陆火星；或者更贴近现实一些的目标，类似领导一个部门、学院；或是创立公司和投资基金——我们都能使成功的想法变得可望而不可即，太过艰难，甚至根本不令人满意。但是成功之门始终向你敞开着，同时也可能伴随着财富。成功提供了选择权，这是你可以拥有的最宝贵的财富之一。所以，让我们行动起来：

相信自己可以并一定会成功，同时在行动上、思想上以及计划上做好准备。

没有理由不去这么做！

我记得，某次在参加过我朋友彼得——我俩相识于20世纪80年代雅痞聚集的上东区的公寓大楼——的"周日意大利面条晚餐"后，我向他吐露了我曾想要当华尔街最成功女性的雄心。虽然我的成就距我当初夸下的海口十万八千里，但若非凭借愿望、目标、计划的支持，我肯定远远达不到如今的地步。或许我说得有些夸张，但这都是事实。

我们认同演员、老师和运动员对成功的愿望；对于很多女性厚着脸皮想要成为最佳母亲的愿望，我们也都相信它是崇高的、正确的和必要的。那么，为什么要羞于成为最好的——（此处填写你的职业）呢？多向自己提要求，你就能做到了。

我对于女性不允许自己想要在某方面成功或获胜的推论是：她们太擅长失败了。对我来说最无法解释的现象之一就是女性抱有的"好胜令人反感"这种观念。胜利并不可耻，想要获胜亦然。

美国小姐选美大赛把这一荒谬现象展现得淋漓尽致。在比赛的尾声，最后两位竞争者一起站在台上等待着最后结果——美国小姐花落谁家（我们暂时不去考虑选美比赛中存在的性别歧视）。当他们宣布亚军得主时，她必须假装为冠军能战胜自己而感到高兴。这简直太荒谬了——在"超级碗"[1]联赛上你就看不到这一幕。

为什么不允许我们想要获胜？这看上去太过争强好胜？太具有竞争性？或是太过冒险，以至于威胁到我们和男性的关系？又或是风险太大，影响到了我们自己对于女性的定义？我并不准备回答这个问题，我只想承认我想赢，我想要更出色。至少在你生活中的某些时候，你很有可能也会这么想，如果你允许自己去想的话。事实上，随着年龄的增长，如果我不再那么在意输赢的话，我会感到非常忧虑。

想要获胜说明你有努力工作的意愿和做出牺牲的准备。如果你是一个主管（一个部门，一个棒球队，一个小公司），你难道希望建立一个史上最有谦让精神的"千年老二"团队？

至少这一刻，让我们坦诚地正视"胜利"和"成功"。当然，"成功"意味着对影响力、地位、意义、善举和充实的人际关系有着更高的要求。但是，它也包括金钱——更确切地说，是赚大钱。很多时候，为了减轻"成功"的含义，我们会模糊处理，就好像想要赚钱，或是提及金钱都是一件很无理的事情。但正是成功带来的经济回报给我们创造了更多机会、自由和选择。所以，从事对你来说最重要的工作，在工作中成长，但也别忽略金钱在你成功道路上所起的作用。

---

[1] 超级碗（Super Bowl），美国国家美式足球联盟的年度冠军赛，胜者被称为"世界冠军"。一般在每年1月最后一个或2月第一个星期天举行，那一天被称为"超级碗星期天（Super Bowl Sunday）"。——编者注

年轻的时候，我们脑中会充满荒谬的念头，比如，"追随天赐之福"或是"做你想做的事，财富随之而来"（同样适用的还有"享受美食，你会喜欢你的身材"）。呵呵，如果你45岁时，做着"拯救大熊猫"的工作，却仍还不清学生贷款，享受不到一个美好的假期，买不起一套自住房，那么我看你最应该写入"濒临灭绝"清单的或许是你的个人幸福。如果你碰巧是位收入丰厚的行销主管，可以写张支票捐给世界野生动物基金会，然后抽空来个中国一日游，去看看大熊猫，倒是更有可能会感到一点幸福。

关于职业梦想，问自己以下问题：

◆ 你想要什么？即便你从未告诉过别人。撇开自尊、现实、合适等方面的考虑，你可以想象到的最宏伟的职业目标是什么？别因为你觉得它没啥特别吸引人之处而去低估它。

◆ 哪些女性是你想效仿的榜样？有没有一些男性是你想仿效的？是不是他们的身体构造成就了他们的成功？如果不是的话，就别把他们排除在外。但是你应该以女性作为你的第一选择。如果你一下子想不起来的话，看看你家族里的女性、你的女同事、你朋友的母亲、你母亲的朋友，或是媒体报道，来找寻能引起你共鸣和渴望的成功和胜利的特质。

二、展现自我，抓取眼球

想要成功，你就必须展示自己。我历经了艰难挫折，才学到这一教训。本质上，我是一个"壁花小姐"。我相信自己的能力和才能，但内心深处我就是害怕跨出那一步，或者说，害怕离开那面"墙"。但是我还是做到了。

在我还是个10岁的假小子的时候，每当邻里的孩子们打篮球，我都会站在球场边上，希望他们会问我是否想加入，或是我哥哥让他们邀请我一起玩。我母亲一直鼓励我主动询问能不能加入。如果他们能给我哪怕一次机会的话，我不会使他们失望的。（后来，我成为南加州百事可乐投篮比赛的冠军——在湖人队赢得多场区域赛之后，某场比赛的中场休息时间，他们组织了这个小小的比赛。这是我的处女秀，也是我在洛杉矶商业区的大西部广场体育馆[1]的唯一一次登场。）

我还记得，在十几岁和刚刚加入工作的时候，我讨厌打电话询问店家的营业时间，在街上向陌生人问路，或是让鞋店店员帮忙找鞋。即便现在，我也不好意思在饭店退单，哪怕我点的东西跟端上来的完全不同。

第一个小小的转折点是在八年级的时候，我参加竞选年级长。八年级老生，就如一个小池塘里的大鱼了（虽然我就

---

1 大西部广场体育馆（Great Western Forum）坐落于美国加利福尼亚州的英格伍德市，毗邻洛杉矶。——编者注

读的霍索恩小学并不那么小,从学前班到八年级有接近1000个学生)。很奇怪,我从没真正害怕过公开演讲。我准备了一套巧妙的演说词(我这样认为),整个演说从头到尾都非常押韵。我穿了拳击长袍,戴了手套,仿佛我是拳王穆罕默德·阿里。演讲效果似乎还不错,我成功当选了。这里插一句,"费尔曼(Finerman,字面可解释为更好的人)"用作八年级竞选是一个非常棒的姓氏。我的参选口号是"谁是西海岸最棒的?费尔曼,她是最棒的!"以及"费尔曼——更好的女人代表我们八年级生"。

C. K. 主义方法论之一

公开演讲的10条精选准则

准备充分——机会只此一次。每次演讲我都练习至少10次,哪怕只是朋友的祝酒词。

简明扼要,不必多言。

事先观察会场。

你是带着扩音器吗?了解它是怎么佩戴的,或者你准备拿在手里。

准备一套你喜欢的服装。

在演讲前不要喝牛奶或是其他奶制品——它们会生痰。

做好你会紧张的准备——不要以为你不会,就算以上6点你都照做了。

> 为提问环节事先准备好一些合适的回答。
>
> 如果你个子矮,确保你演讲的时候有东西可以垫在脚下。
>
> 把你的演讲稿以两倍行距打印,每页都标上页码。

选举过后我才意识到,赢得选举意味着我必须当班长。我必须主持学生例会,给成员分派任务,最糟糕的是,我要代表整个年级向学校的领导提出意见和建议。可是,比起抛头露面,我这人的性格是宁愿什么都不说,也不给其他人添麻烦。

但那时,同学们想举办校园舞会,想发起一个周末洗车活动为学校旅行筹措资金,想请学校在所谓的早间"营养餐"中多供应点甜甜圈。要做这些事,大家根本不应该选一个像我这样天生羞于提要求的人。这事儿有点讽刺,不过既然我被选上了,我就应该承担起提要求的责任。

很多年过去了,我仍旧不明白这种不愿出风头的特性是女性专有的,还是胆小鬼专有的。但是对女性而言,这种特性尤其要不得。我们必须主动逼迫自己或调整自己,想办法脱颖而出。我并非向任何人提倡转型为踩着"恨天高"细高跟鞋的风骚女。但请记住这个比例——每一个莽撞尝试或已经优雅自如的女人背后,都有成千上万个女性正默默无闻地试图鼓起勇气站出来,引起世人注意。

多年来,我多次故态复萌,变回"壁花"姑娘。在生活的各个方面，我都更愿意等在一边，直到有人注意到我，请我跳舞，或请我加入科学项目小组，提出聘请要求，甚至结婚也必须有人先向我求婚。对于我来说，每一次主动出击都在违背我基因中的天生倾向。但我多次强迫自己这么做，以至于这种行为战胜了"墙壁的万有引力"，战胜了基因。试想，如果不采取行动，你会感觉如何？别指望光靠等就会等到一阵自信爆发的感觉，那是不可能的。不妨做好最坏的心理准备——设想一下站出去的最坏结果可能是什么。

从壁花小姐转型到轻松游走于各种公众场合，我花了很长时间，但我最终成功了，你也可以。

我的朋友乔安娜·科尔斯是《大都会》（*Cosmopolitan*）[1]杂志的主编，非常精于展现自我。与她的故事相比，我们的那点事简直是小巫见大巫。当她还是女性杂志界的一颗新星的时候，她用一次大胆的冒险赢得了足以改变她人生的回报：

我当时正在度假中，没有检查我的语音信箱。当我回到家后，我发现其中有一段留言来自当时赫斯特杂志集团（Hearst magazines）[2]的总裁卡西·布莱克，她想和我见面。她建议了一个面试时间，就是我收听到这段留言的当天。我早上试图联系她的秘书，但是一直没人接电话。我留了言

1　*Cosmopolitan*杂志的中文版通译为《时尚》。——编者注
2　赫斯特杂志集团是赫斯特国际集团旗下的一个部门，后者是美国最大的多元化媒体公司之一。

说我能去参加面试后，就匆匆出门买了套新套装，吹了个头发。当我按时到达的时候，我被告知由于我确认得晚了，他们改变了计划，卡西将出发去法国，没办法和我见面了。事实上，再过几分钟她就要出发去机场了。我认为这是个转机，于是问秘书我是否可以坐卡西的车一同去机场。秘书打电话询问了卡西，卡西说只要我能在5分钟内赶到她住的公寓那就没问题。我呼啸着跑出了大楼，窜到了第六大街的路中间，拦停了一辆出租车，几乎用逼迫的手段让一位可怜的乘客下了车。在卡西那辆"林肯城市"刚开动的时候，我赶到了她的公寓。我的出租车与她的车并排行驶，直到她看见我做的手势，她让车靠边停下，让我上了车。当我们到达机场的时候，我得到了《嘉人》（*Marie Claire*）杂志的那份工作。

我以自己的方式慢慢克服了对引人注目的排斥，当我排除万难做到的时候，当我对自己施加压力的时候，我才得以搬到纽约，找到我的另一半，并在1992年与合伙人共同创办了一家对冲基金公司（当时还没有女性从事这一行），此后战胜了不孕症并幸运地生下了两对双胞胎，如今还在电视节目中占有一席之地。

我的第一份工作

刚读大学的时候，我在创新艺人经纪公司（CAA）找了份暑期工。那是好莱坞实力最强的一家娱乐经纪公司，当时，在高深莫测的执行总裁迈克尔·奥维兹的领导下，它达到了全能与鼎盛时期。

那个时候，我曾动过一点跟随我姐姐温蒂进入电影圈的念头，她和她当时的丈夫马克·坎顿——华纳公司的新一代巨星——帮我找到了这份工作，他们夫妇俩在这个圈子里的事业可谓蒸蒸日上。

虽然华尔街的诱惑仍在召唤着我，但是我一时被温蒂那多姿多彩的生活迷住了。作为一个平步青云的制片人，她在事业上给我留下了深刻的印象，甚至在她还没有制作《阿甘正传》并获得奥斯卡大奖之前。她曾是个年轻的、稚嫩的、聪明的，毕业于沃顿的广告经理，来到好莱坞发展，然后一鸣惊人。或许是我已经察觉到她的鞋[1]对于我的脚来说可能太大了（虽然，鉴于我的大脚，没有谁的鞋对我来说真的太大）。

这是我的第一份工作，我真的不知道接下来要做什么。在此之前，暑假里我不是在进行网球比赛，就是在安杜佛（一所新英格兰的寄宿学校）上课。每小时整整5美元的薪水让我非常兴奋。我渴望在这样的一个公司——虽然是娱乐业——测试我在沃顿的第一年中学到的基本经济学。我天生就有点商业头脑（虽然仅限于纸上谈兵），这使我认为自己无所不知（仅限于19岁的知识面），虽然我仍然过于害羞，

---

[1] 原文的鞋比喻事业。——译者注。

不敢做出任何惊人之举。

实习的第一天,我和一帮非常漂亮而且家境优裕的小孩们一起工作。或许仅仅是巧合吧,我们都是年轻女孩,没有男孩。从一开始,我就清楚地知道我的实习生小伙伴们从来没有做过什么正经的工作。在卡戴珊们(Kardashians)[1]出道几十年前,她们就是所谓的圈内人士,总是游走于各种派对、音乐会、餐厅之间,似乎那些活动就是她们的工作。而我甚至在几个星期后,都没察觉还有这么个圈子存在,没有人邀请我。

她们不仅漂亮,受欢迎,而且还有钱;而我只是个书呆子,与受欢迎不搭边,又没什么钱。虽然我父母在零用钱上对我很慷慨,但那可不够我去过那些女孩们用金钱堆砌起来的纸醉金迷的生活。我成长于《爱丽丝梦游仙境》里的描述过的诺丁山地区,是一位整形手术外科医生的女儿,尽管父亲事业挺成功,但我们家只是个中产家庭。

我立刻预见到,我和我的这些小伙伴们对这份工作的态度将会形成多么强烈的反差。对她们来说,这不过是个无忧无虑的逍遥夏日,而我却非常认真地对待我的第一份工作。

---

[1] 卡戴珊家族在美国体育圈和娱乐圈享有很高的声望和地位,也是纽约知名的名媛家族,被称为娱乐界的肯尼迪家族。卡戴珊家族的真人秀节目在美国拥有很高的收视率,仅"与卡戴珊同行"每周的平均观看人次就高达350万。据相关媒体统计报道,2010年卡戴珊家族疯狂揽金6500万美元。美国媒体总结出"卡戴珊效应",称只要某位球员找了卡戴珊家族的女孩做女友,他所在的球队就能夺冠。——编者注

这种反差使我看上去更加呆板了。起初几天，我们被安排在一起吃午饭，但一周之后，我们被分在了大楼第22层的两端，足够打破这本不牢靠的关系。我将要独来独往了，但我无所谓。

我的第一个任务是乏味而安静的幕后剧本编目工作。我高效地执行着这个非常无趣的任务，几天内就完成了积压的工作量。然后我就无事可做了，图书管理员也没什么要我帮忙的。这时，我并没主动去要求，而是等待着有人来告诉我下一步该做什么；我甚至不知道谁会来通知我。于是，我坐在前台区域读起了报纸。

现在回想起来真不可思议，我怎么会一方面那么害羞，另一方面又那么厚颜无耻且愚蠢到不可救药呢？

几小时以后，一个年轻的经纪人出来告诉我坐在那里不好。我至今仍对自己所做的这件蠢事感到万分后悔。要知道，好几个小时我一直坐在公司一楼大厅正前方。我认为没人会注意我，但是我错了，我相当引人注目，只是以错得离谱的方式。

幸运的是，或许因为其他女孩都没有空，这位年轻的新晋经纪人（他叫理查德·洛维特，这家公司的现任总裁）很快为我安排了一张办公桌。那时，他只是一个没有助理的新手，这就意味着我成了他的第一个助理。

对一个实习生来说，坐办公室其实是非常合适的工作。

你必须要有脑子和出色的记忆力；最重要的是，你必须时刻保持思想高度集中以免把事搞砸。有很多工作适合那些身体其他部位比较发达的人，而这份工作最适合我。我很期待我将要负责的工作，我知道这是一个了解公司运作的好机会，我觉得我可能帮得上忙，还可以大显身手。我意识到我应当穿得更得体些，要和职业相符。事实上，在那个工作中学到的东西影响着我以后的整个职业生涯。

以我几天的观察来看，我觉得经纪人的工作就是不停地打电话。在好莱坞打电话有一套不成文的规矩——谁在什么时候打给谁，在哪个时段打，这些都明确地表明了你的等级。不知什么原因，好莱坞的人都忙得没时间自己打电话（这是很久以前还没有快速拨号和苹果手机的年代），通常由助理拨通号码，告诉接线员要某某听电话，当某某接电话了，助理就要说请不要挂断，我现在就把电话转给经纪人。我一直都对这种要求很不适应。

我发觉，与每天窝在图书馆相比，在人群中工作并参与共同行动更为有趣和有益，虽然多数时候我只是在现场旁观，多少有点偷窥狂似的感觉。

我记得某位经纪人和客户之间的一通电话。实际上，内容没太听清楚，只听到经纪人在使用一种严厉的、家长对待青少年式的语气：

经纪人：听着，某某（某位以酗酒和粗暴而闻名的电视明星），上星期你抵达那里的时候，他们给你准备了一辆吉普。现在那辆吉普被你弄到哪里去了？

给那位年轻经纪人当助理，让人们注意到了我，让我获得了"聪明、进取的沃顿学生"这一口碑（来这儿的实习生大多来自南加州大学、加州大学洛杉矶分校和其他一些名声不怎么样的专科学校，从没有过沃顿的学生。可以说，在这里我是个稀罕物）。我做得非常好并引起人们注意的事是，我总是在经纪人给我布置任务的时候，更深一步考虑他接下来会要我做什么。我会问自己：他打完上一通电话后会想要做什么？那通电话会引发怎样的下一步反应？常常我会主动去问他，需不需要我去做我认为他可能会让我去做的事情。这个策略很有效。我的先见之明让他印象深刻。有时候，让人记住你也不是太难。

我认为，作为一个好的经纪人，你应当集心理医生、朋友、校长和同谋于一身。我学会了对客户"撒谎"，就如汤姆·索亚那样，利用心理和语言技巧向客户推销项目，使客户相信这个项目很抢手，如果他不要，还有别的买家想要（其实别的买家也没做决定）。

我还学会了正确对待自尊。我亲眼看到，经纪人总是对客户说这是客户最好的作品。典型的对话如下：

经纪人：嗨，达德利，我想告诉你《兵来将挡》这部电影太棒了，我昨晚看了。

现实是，正在读这本书的你如果表示听说过或者看过《兵来将挡》，我会大吃一惊的。那就是一部垃圾。

直到今日，最让我珍视的一直是别人对我的批评，因为它会道出真相，不同于那些动机不明、不知所云的赞美。我从制片人那里得到的反馈让我受益匪浅，他们教会我如何更有效地处理短片。与之相比，"你看上去很好"这类夸奖毫无价值。

实习期间，我学到了很多东西，过得很愉快，还见到了很多名人。但有时我仍然想要躲起来，从人前消失。我的自然倾向曾把我拽回错误的老路。

我记得我被邀请参加《捉鬼敢死队》的首映。这是我在那个夏天参加过的最大的活动。由于参加首映的人数太多，他们在西木区的威尔夏大道上的两家相邻的电影院同时放映。一家电影院是专门留给明星们和贵宾的，另一家对公众开放。我去的是那家"公众"的电影院。电影开场前，有一位年轻的经纪人拍了拍我的肩膀，问我要不要去那家贵宾电影院。我尴尬地说："不用了，谢谢。"因为我会觉得不自在。

这简直太蠢了！过了好几分钟我才意识到，但接下来，我仍然默默地坐着，直到电影散场。

在那之后的几天，我对自己非常恼怒，所以，当另一个经纪人新星问我是否愿意参加某个制片人在马里布海滩上的别墅里举办的小型非正式派对的时候，我强迫自己克服对尴尬的恐惧，决定无论如何都要去参加。结果，那天我玩得很开心，更重要的是，从那个周末以后，年轻的经纪人们会邀我去各种地方，他们大概心想："嗨，让我们带上那个孩子一起去。"

相信我，我不是什么年轻辣妹，这不是他们邀请我的原因。当时我觉得他们也许是想讨好我姐姐、姐夫；也许只是想表示友好；或者出于其他什么原因。但我从没有想到过下面这个可能性——他们也许从我身上看到了一些值得帮我一把的品质，也许他们认为有朝一日我会出人头地，这样做将来对他们有好处。我从没想过会有这么一天，他们会说："我早就认识她了，那时候啊，她……"

也许我不敢表现突出是因为害怕出丑——如果有人认为我喋喋不休、胡说八道怎么办？如果我无法融入团体怎么办？我真是个笨蛋，脑子里塞满了那么多"如果……怎么办"。首先应该考虑的是如果没人注意我怎么办？如果没人记得我的名字和意识到我的存在怎么办？

这个夏天我学到的最重要的事情是：强迫自己引人注目。你不能顺其自然直到你觉得不别扭，因为这个可能永远都不会发生，如果你不去尝试你就学不会应付自如。无论你下一个职业（或是生活）目标是什么，你要努力让所有人觉得你是做大事的，让他们希望能留住你。不要让躲在心理舒适圈的愿望或天生的性格特点阻挡生活中无限的可能性。

这个道理我需要反复学习100次。虽然我在创新艺术经纪公司和之后的其他情况中不断吸取教训，我那天生不愿出风头的性格仍然跟随着我，贯穿了我在纽约做过的前几份工作。我曾经错误地为自己找了3条"正当理由"来证明出风头不合适：

1. 在雇主的眼里这是非常不讨人喜欢的行为。（错。现在，我也成了一个雇主，我会欣赏多做事的人。）

2. 这对其他雇员不公平。（你为什么要担心别人？他们可不会替你操心。）

3. 我就是觉得这样做不好。我不喜欢自吹自擂。（太糟糕了！学着做一些有挑战性的事情吧。）

我们为什么要成为牺牲品？我不希望我的女儿们如此。同样，我母亲也不希望我如此，虽然她完美地诠释了犹太人的殉道精神，一直为了她的孩子和学生们做出牺牲——她在一所市中心贫民区小学教一年级双语小孩阅读。直到我成年，她一直鼓励我畅所欲言，不断地（固执己见的犹太人母亲大多如此)督促和激励我多说话、有主见和接受电视台的节目邀请。在成长岁月中，我从来都不是一个善于说话的孩子，在家不是，在早期的工作中不是，甚至在成立对冲基金的头几年也不是。事实上，我为我的沉默寡言感到自豪。但是，作为一个雇主和一位母亲，我深切体会到会哭的孩子有糖吃这个道理。我不得不承认，这是毋庸置疑的。

请你考虑使用下列展现自我、引人注目的方法：

★ 莫再做壁花——这是个比喻，不局限于舞会，现实生活中亦然。你不会跌倒的，我保证。要畅所欲言，主动出击，敢于问问题。

★ 发现哪儿你能大展宏图，就朝着那儿前进。你有特殊的技能，天赋，观点和经验来成就你的事业。它们会使你事半功倍，对工作更有激情。

★ 打球——这是个双关语。字面上的意思指加入垒球队或是成为有团队精神的人，一起努力。另一层意思则是主动接受新任务，积极参与，加班加点，加倍努力。

★ 竭尽所能了解你的公司和所从事的行业。这能使你在会议中提出观点或是在与人对话中让人眼睛一亮。能够纵观全局对你的工作有益无害。

★ 预测你上级的需要。留心你的上级正在做的事情，给谁打电话，给谁发邮件，以及接下来的日程安排。如果你足够留心，你会吃惊地发现你能帮上好多忙。

★ 穿着要得体——别以为没人会注意你。你随时都会暴露在人们的视线里，无论你是躲在墙角的小女孩，还是穿着暴露的成熟女人。这启发了我如何明智地利用性别优势。

三、性别优势，巧妙利用

身为女性是上天赋予我们的一种优势，如果不善加利用，那就太傻了。我并不是主张你去爬每一个上司的床，虽然对于某些人来说这似乎很有效。就我本人而言，在有了4个孩子之后，我可没兴趣让更多的人见识我的裸体，想来也不会有人要求我"献身"吧。

我真正想说的是，不要隐藏你的性别。

作为一个身处职场的女性，你不得不考虑这一点。你记不记得安迪这个人物，《时尚女魔头》里的女主角（由我无比自豪的温蒂·费尔曼出品）？她努力使自己看上去不那么时尚。她想成为一名真正的新闻记者，她的座右铭是"我非常努力地不去介意自己看上去如何，因为我讨厌被那些肤浅的想法所左右"。

曾几何时，当涉及性别时，你是否也为做出同样的事而自责？我有过。我从没化过妆，甚至没买过口红。我还记得结婚前夕去买口红的经历。我在波道夫·古德曼的柜台要了一支口红——我傻乎乎地都没提要什么牌子或是颜色。柜台小姐冷嘲热讽地问："你真的是纽约人吗？"

我母亲以前经常说："你偶尔穿一次漂亮裙子会死啊？"现在我也衷心拥护这个观点，虽然装扮自己是桩费力费时费钱的事，但绝对值得这么做。此外，精心打扮还有一个好处，举例说，我有个大学同学经常穿着漂亮外套，打着精致领带去参加期末考试。我问他为什么，他回答："看着帅，做事快！"我一下子明白了，当你看上去很精神的时候，你会自我感觉更好、更自信、更高挑儿、更灵敏、更时髦，而这些特点也会自然地从你身上表现出来。

男性总是用他们的特殊"本领"联络感情，无论是去运动，去喝酒，甚至是偶尔去脱衣舞夜总会，所以你为何不利用你的特质？就我来说，我不太喜欢去那些男人们常去的场所，无论是否有助于工作。有些男性可能也不喜欢这些地方，他们可能根本就讨厌打高尔夫、喝啤酒或者去脱衣舞夜总会，但他们仍然会去做。

我从几年前在我手下工作过的一个分析员身上学到一件事——每个人都有不同的本领。她气质特殊，带点类似格斗训练中的男子气概，她积极利用这种个性魅力来引起男性同事的注意，虽然一度稍稍有点过头了。有一次，她居然穿着超短小皮裙来开会，我不得不让她回家换身衣服。顺便说一句，她还有一条裙子完全是用男士领带拼缀而成的，它们被纵向地缝合在一起，仿佛每一条都象征着一位裙下之臣。

不得不说，我很欣赏她这一点。她把性别的优势运用得淋漓尽致。她让男性们觉得受到尊重和欣赏。她映射出他们内心深处的渴望。她深深地吸引着他们。我看在眼里，学在心里——去炫耀，去享受；轻微挑逗，不吝赞美。

别为难自己。与其逃避，不如做你工作环境中的第一个女性。当年，作为一个年轻的分析员，在股票业务上我学会了走男性的道路。我本应该涉足更受女性欢迎的领域，比如零售业或是媒体，但我选择了鲜有女性愿意涉足的工业和金融业。

我觉得这样不错的一部分原因是，如果你是负责露华浓或是保罗公司的股票分析师，你将会是房间中众多女性中的一员，但如果你负责约翰迪尔或联合科技，你将会有更多机会接触它们的男性执行总裁，还有可能得到更好的情报。在现实生活中，如果你的魅力指数是70%的话，那么在"男人的国度"你的魅力指数会一下子飙升到110%。这本就没什么公平可言。

我喜欢那种适度的打情骂俏，我对男女之间存在的差异表示感谢。这十分有趣，充满了电磁效应。我认为它是无害的，没什么致命后果，能使你更具吸引力。但是，在此我有一个非常重要的补充说明：我永远也不会以任何方式和我的男下属打情骂俏。那条底线是我永远都不希望跨过的。但如果对方是一个同行，比如说，全美广播公司财经频道节目中的某个男同事，或是某位节目来宾，那就不妨展示一下你的性别魅力。

在财经频道节目中或其他场合，我遇见过许多著名的权力男性，我真心对他们讲的话非常感兴趣，只要有机会我也极力夸张地配合，不管会不会有人觉得这样很轻浮。财经频道工作组喜欢把杰米·戴蒙（摩根担保信托公司冷峻的首席执行官）的照片放在屏幕上，然后迅速把镜头转向我，给我一个特写，在我的脑袋周围配满心型标记的动画，以强调我的万分爱慕之情。

我说得大概有点夸张了，我对权力女性也同样感兴趣——也许更甚——但这并不是轻浮。

还有一点，偶尔让男人做一回男人。他们帮你开门、扶门什么的，你没必要拒绝，别把男性们对你做出的简单的殷勤举动定义为性别歧视。我相信，每个女性的心里都有一个判断情势是否正常的指南针。冒着惹怒每一位女权主义者的危险，在此我引用一下《大都会》杂志的资深编辑、著名的海伦·格利·布朗[1]的一句经典名言："来自男人的性关注通常等于对你的奉承。"

---

[1] 海伦·格利·布朗（Helen Gurley Brown），Cosmopolitan（中文版为《时尚》杂志）终身国际版执行总编，负责36种语言、60个版本的Cosmopolitan在全球的出版与发行，她是第一位获得美国杂志终身成就奖的出版界女性，在最有影响力的80岁以上美国人评选中位列第十三，她用智慧书写了一个优雅不老的传奇。2012年8月13日她在曼哈顿与世长辞，享年90岁。——编者注

有人关注你、欣赏你是件非常好的事。我认为女性无须杜绝这种奉承。

> **C.K. 主义方法论之二**
> 寻找个人风格及最佳形象的8条准则
> "几乎每一位你现在正嫉妒着的、魅力十足的、富有的、成功的职业女性都曾历尽艰辛。"
>
> ——海伦·格利·布朗
>
> 1. 锁定一个标志性的风格元素（高档鞋，时尚眼镜，短裙，短发等），把它变成自己的风格。
>
> 2. 如果你喜欢某样衣饰，那就多备几件，尤其是并非知名设计但却非常适合你的东西，比如你特别喜欢的T恤。注解：我总是尽量备着一两条新的白色T恤，因为它们算得上是百搭单品。这个经验也可推广到衬衫：我始终有至少一件白色的整洁的带领扣的衬衫。
>
> 3. 始终保持头发修剪整齐，颜色鲜亮（如果这是你的风格）。
>
> 4. 切忌"素颜"——你会看上去比实际年龄老10岁。
>
> 5. 如果你还年轻，要加以利用，别老想着扮成熟。
>
> 6. 寻找适合你的成衣店或是设计师，尤其是那些关键的商品。这样你才能从没完没了的"血拼"中解脱出来。你要确保你真的知道你穿什么好看！我确信花上两小时去

做时尚咨询是一项很明智的投资。对于我来说，最适合我的是一条面料奢华剪裁考究的紧身连衣裙，外加一双形状美观的高跟鞋。既露点腿，又使我那像男孩子一般的身材看上去不至于像一个沙漏。

7. 来自时尚设计师戴娜·布克曼的导师利兹·克莱本的忠告——当你打扮出门时，除了注意你的服装外，还要注意你的头发、鞋子，以及手袋。很多女性通常只记得着装。漂亮的围巾也是百搭，选择与否随你。

8. 最后一点建议，来自已故的伟大的作家及编辑诺拉·埃夫龙："我真的很后悔没有在我26岁的时候一整年都穿比基尼。如果你还年轻并看到这段话，立即、马上套上比基尼，不到34岁千万不要脱下来。"——出自《我的脖子令我很不爽——关于成熟女性的私房话题》

四、初出茅庐，迎接挑战

每项成功的事业都由第一份工作开始。第一份工作通常不是惊天地、泣鬼神的，多数情况下是令人失望的、混乱的、单调乏味的，当然其中也有满足和成功的时候，但多数是超级乏味和无聊的，就像我在经纪公司两个暑期的工作。但是无论你最后去哪工作，你总得先工作起来。在2008年金融危机后，找份工作这件事真是说起来容易做起来难。（这也适用于在职业生涯中期找工作，你可能要先进门，然后骑驴找马，再跳槽到更好的工作。第一份工作所得到的经验会使我们感觉受益匪浅，特别是当人们质疑我们是否资历过高时，我们可以坦言，我们准备好好学习，完成工作，分享我们的经验。）

当我1987年大学毕业时，华尔街公司根本招不到经济系毕业生。尽管我是个壁花小姐，我清楚我是特权阶级的一员。我们是这座城市备受瞩目的人，起码我们是这么认为的。

时过境迁，去一流公司（几乎任何领域）工作的梦想现在很难实现了。在如今的商业界，能找到工作已经算是走运了。经济压力不允许你长时间搜索一份令你满意的工作，它迫使你仓促下决定。哪怕在青少年创业盛行的那个时代，你也不可能一开始就成为行业的领军人物，或许你的职位甚至配不上你的才智和学历。多数情况下，你要尽力奉献你的才智，你的态度以及你的职业道德，虽然可能顺序是倒过来的。

这个现实可能会导致你接受任何你能得到的工作。这没关系。重要的是你怎么对待这份工作。第一份工作能学到的东西很多。你应该这样想：

> 第一份工作是一个付你工资学习的机会，所以，尽你所能地学习。

比如，你或许会碰见个不那么平易近人的上司，你一出现就足以惹他生气，于是，你快速地学会了如何去避免；又或者，你所处的团队需要经常加班，低薪的助理还得全天候待命，但这种环境中结成的"革命友谊"往往能持续一生；你甚至能从暑期挖冰淇淋的工作中学会了解客户关系。

学习才是关键——处处都有值得你学习的东西，只要你用心寻找。

如果你是个服务生的话，可以多花心思了解下餐馆是如何运作的——如何才能盈利？靠酒水？靠每日推荐？还是靠翻桌快？到底是怎么做的？

如果你是一家杂志社的广告经理助理，问问自己，哪个部门是杂志社的核心，为什么？销售部门影响力是不是最大，还是编辑部门更厉害？没有一个职业比酒吧侍者更能学习到现实生活中的人际交往。你会学到如何判断哪些人是要干架，哪些人是想炫耀，哪些人只是表现得像个浑蛋，还有你如何从中周旋。你将会是个很好的听众。这些技能是每个执行总裁都要在人生道路上慢慢积累的。

上述这些首份工作多半看起来不起眼，但它将永远是衡量你事业发展的基准。很多人都应该把它视作荣誉的标志，并自豪地说："我刚开始的时候是……"

你应当尽可能了解你所工作的地方。这是你的工作，你拿着薪水去学习那个你鄙视的、想尽快逃离的行业。在这个年代，没有人能始终坚守在同一个岗位上，现实就是这样。

并非每一个选择你将来都会继续从事,但你会惊奇地发现,当你再找下一份工作时,你所积累的经验会是多么宝贵。做暑期工时,我总是预测经纪人在想什么,这使我养成了凡事多想一步的习惯。仅仅自问接下来会发生什么这一项,就成为我投资事业中必不可少的素质。

我有两项必须着重强调的特别忠告。这也是将来当我女儿20岁开始找工作时,我要对她们说的话:"别把自己锁定在一个35岁妻子和母亲不能胜任的事情上。"意思是,如果你想兼顾家庭生活的话,有些职业你必须避免。

忠告一:你不能成为一名投资银行家——除非工作期限很短,只有两三年时间。在你去做别的事情之前(比如,去读商学院或是其他任何事情),你必须要有一个退下来的计划。我是认真的。哪怕你遵循"有时你要宽容待己"那一章里的每个诀窍和教训,来助你事业家庭两不误,你也只不过是个衣冠楚楚的契约仆人。

刚入行时,虽然头衔好听,薪酬也不低,但你只是个做幻灯片的苦工。你没完没了地汇总项目建议书,希望一些有并购或其他业务意向的公司会采用它们。我在沃顿商学院的朋友布莱恩对这事心有余悸。他刚入行时心怀大志,要成为全球最杰出的培训大师,但每天除了不停地做PPT演示外,还负责给植物浇水。当然,给植物浇水这件事本身没什么不对,只是与未来的全球大师身份不符。他做的大多数的项目建议书后来根本派不上用场，但是每一份建议书却都像海豹特遣队拯救世界于危难的任务那样紧迫，而且，如果你的Excel模型里被挑出一个错处，你就自求多福吧。（实际上，这是个有益的教训，它教会你再三检查的习惯。）

当你成为一个稍微有点资历的投资银行家时，你才刚刚爬上奴役的阶梯。你将负责监督新手如何做项目建议书，祈祷Excel表格中没有错误。你对你的工作日程完全无法掌控，你是一群可憎的23岁的新兵训练营的长官，他们会对自己无法参加高层会议而感到不可思议。

当我的朋友黛比不得不出席一个强制性的电话会议时，她知道这份工作走到了尽头。这个会议讨论的是关于收购一个大型教育软件公司的方案。收购方是一个专横傲慢的执行总裁，后来这个人甚至得罪了自己的公司。因为这个突然的会议，黛比错过了她女儿扁桃腺切除手术醒来后的那个瞬间，此事使黛比心疼不已并退出了投行圈子。

在我认识的女性当中，只有一位做到了既是资深投资银行家，又是好母亲。仅仅一位。她有一位凡事亲力亲为的丈夫，为了家庭，他放弃了极具挑战性的高级顾问工作。不过，他们俩都太优秀了，后来他成为一名哈佛大学的教授。他们搬到了波士顿，她则通勤往返于纽约。

所以，为什么没有女性经营华尔街公司？

答案是：几乎没有女性在任何领域经营任何大公司。

在华尔街也是这样。你不可能同时管理一个家庭和任何一家大公司。所以你只能是没有或是不想有家庭的女性，抑或是有了家庭又全副武装重返职场的女性，这些女性并未远离职场，所以她们的能力还是被认可的。（大家拭目以待雅虎的执行总裁玛丽莎·迈耶将有何作为。她在怀孕6个月的时候宣布接手这个职位。）

我们说到的还只是那些工作资历足够被任命为执行总裁的人（比如那些已经50多岁的人，她们必须从80年代早期就开始工作），这本就是个狭窄的领域，如果放眼整个女性群体，能在领导大公司时兼顾家庭的比例更是微乎其微。这是个简单的数学问题。

忠告二：你不能成为一名并购公司律师。因为你无法掌控自己的工作日程，还要对你的资深合伙人有求必应，而他却对客户有求必应。他们根本不在乎你的纪念日或周末安排。这一行有条不成文的规定，公司律师必须全天24小时候命，处理任何来自客户/交易/突发事件/合伙人的突发奇想。

这与外科医生或是普通医生半夜里接到电话一样，但是，凌晨两点接生一个小宝宝所带来的精神上的满足感和凌晨两点被叫起来确认文件里有没有打印错误有着天壤之别吧。

无论你刚起步时从事何种工作，哪种职业是你真心向往的，在你22岁的时候你不可能确认10年或20年之后你真正想要的是什么。哪怕你认为你想举世闻名，凭良心说，我也不能鼓励你或是我的女儿成为投资银行家或是公司律师。这对于家庭生活来说是条死路。你最好不要让自己的选择面变得那么窄。你可以浪费精力抱怨世界如何不公,但是这个世上没有后悔药。就如格洛里亚·斯泰纳姆的这些年常常被引用的名句所说的那样:"我还没有听过哪个男人询问怎么才能把事业家庭相结合。"

"平衡"是一个令女性欣慰的主张。的确,在养育孩子方面,男人需要做得更多,但这并不能解决全部问题。很多女性因为怕被视为不称职的母亲而不愿意放弃一些责任将其移交给男人,哪怕没有人会谴责她们。

职业的道路会越来越难,其他不确定的因素也会阻碍你的发展。如果你多了一个伴侣或是小孩,对于女性来说,接下去的路就更加不明确、更崎岖了。

当你事业刚起步,以及在转折点的时候,不妨考虑以下几点:

1. 这个工作是否足够好,在这个地方我是否可以学到东西?哪怕有一天我将离开这个行当,我能不能学到有用的生活技能?

2. 有没有哪个领域是我所擅长的或是感兴趣的?如果我用创造性的眼光来看待这些工作,我能不能找到更多的机会?

3. 一般来说,我能通过了解这个行当的哪些东西以便更好地纵观全局？

4. 凡事多想一步或是几步，猜想接下来我将怎么走。

通向成功的秘密除了努力并无他法。成功不是线性的，它可能会被偷走、丢失、停滞和重新获得。但是你所积累的经验，获得的胜利都是你终身的财富，在职业生涯的各个阶段都将使你受益无穷。要想不被淘汰出局，要使用很多方法，也要吸取很多教训。但如果你敢于迈出最初这一步，提高你的出席率、瞩目度和能力，你可能会得到受益终身的机会。

第3章
为自己造势，再造势

你需要足够的自信，或者至少有勇气，来迎接新的挑战和责任。你需要用能量和忙碌来弥补你的不足。你需要你周边的人看到你的潜力，为你喝彩，帮你取得最好、最合适的机会——即使当你充满犹豫，或是不确定自己是否在向前迈进一步之前需要往后退三步。

想要获得动力,你需要一个推力,或是几个。

但事实上,没有人可以推你一把。你必须靠自己。你必须找到可以教你如何去做的人。你必须积极主动地去做而不是请求别人允许。

我是迈克尔·杰·福克斯帕金森症研究基金会董事会成员之一。我10年前就加入了这个董事会,因为那一年我的婆婆莎伦·戈卢布在与帕金森症战斗多年后,最终还是被病魔击倒了。她是我所认识的最聪明、最有见识、最有求知欲的善良女性之一,但她斗不过病魔。

你们都听说过迈克尔·福克斯吧。他给这项事业带来了正能量、乐观主义和亲民倾向,此外,福克斯基金会还有其他一些非常杰出的方面。如果你在基金会发问:"谁负责治愈帕金森症?"所有参与福克斯基金会的人都会回答:"我们。"谁要求他们负起这个责任?没有人,是他们自己下定决心担负起这个责任。

这种观点改变了一切。

你需要足够的自信,或者至少有勇气,来迎接新的挑战和责任。你需要用能量和忙碌来弥补你的不足。你需要你周边的人看到你的潜力,为你喝彩,帮你取得最好、最合适的机会——即使当你充满犹豫,或是不确定自己是否在向前迈进一步之前需要往后退三步。

谁来为这些事情埋单?你自己。把下面这句话作为你的新观点：

> 不管你喜欢与否，你的事情由你主宰。

一旦你的生活偏离了预定轨迹，你只能靠自己。在孩提时代，我们所能设想的生活轨迹无非就是努力在高中好好学习，然后去考最好的大学。

我清楚地记得大学四年级时的那个场景。那是在一个寒冷的、阳光明媚的冬末，我正步行穿过校园绿地。突然，一个想法闪过我的脑海，使我停下了脚步，确确实实地停下了脚步。（通常，我没这么戏剧化，即使灵光乍现的时候，也会继续走路。）

我意识到："我的命运掌握在我的手里。"

大学毕业在即，我处在了我一直作为参照的地图的边缘，这条惯常的生活道路接近了尽头，翻开地图的另一部分，那里没有路线可以遵循。就像罗伯特·弗罗斯特（Robert Frost）[1]说的那样："铺满落叶的道路上，没有被践踏的污痕。"

我再也不用征询别人的许可了。我是深入荒野的探险家。一切由我说了算。

你不可能事先知道自己的职业轨迹。你可能最终在一家

---

1 罗伯特·弗罗斯特（Robert Frost，1874—1963），20世纪最受欢迎的美国诗人之一。他曾当过新英格兰的鞋匠、教师和农场主，其作品常从农村生活中汲取题材，曾赢得4次普利策奖和许多其他的奖励及荣誉，被称为美国文学中的桂冠诗人。——编者注

公司或是一个行业拥有一个稳步线性上升的职业路线；也可能不断换工作、换老板、换行业，直到有一个工作可以施展你的才华，值得你投入全部热情。但通过观察，我发现很多最刺激、最令人满意的高回报工作——金钱回报或其他方面的回报——都有种动感和冲力（momentum）。它们充满了新的变化，新的机会，新的挑战，推动着从业者不断向前。如同物理学的惯性定律所说：一个运动着的物体会继续运动，而一个静止的物体会保持静止。

你可以不知道所有问题的答案，尤其在你的职业早期，但你要去努力思考、寻求解决。无论菜鸟还是资深人士都不能守株待兔，等着有朝一日答案揭晓。如果你卡壳了或是不开心，你不能干坐在那里等着动力自动涌现。你必须对你的事业、你的生活以及你的决定切实负起责任来。这种负责的"动作"才是你动力的源泉。你需要结合自信与大胆（无论是佯装的还是其他）、指导（导师），以及雄心壮志（梦想）。你还需要保持机警，所以当你需要给自己加把油时，你可以认识到真相，并想办法行动起来。

展示自信

作为女性，我们在日常社交中不能没有自信。我们并非从小就被教育一定要成为最优秀的人（原文为man，有男人和人两个意思），既不是"最优秀"，也不是"男人"。我们从小接受的教育是要好好与人相处、与人为善，哪怕是那些大胆的、坚定的、非常独立的、有权有势的女性，都表示渴望自己能使周围的人感觉到被聆听、被重视。而且，女性都喜欢谈论她们的挑战和困难，但在职场这是个大忌。我们不仅要表现得自信，更应当从骨子里充满自信。

男性在传递自信这方面远远超出女性，哪怕他们的自信有时并不恰当甚至根本不存在。但自信仿佛已经深入他们的灵魂，自信就是他们的天赋人权。

在投资行业以及全美广播公司财经频道节目里各种各样的商人身上，这种情况我见多了。男人说话时习惯用肯定的语气，不带任何犹豫，即使他们并不能预计事情将如何发展。没人可以预计股票市场的走向，然而很多男性市场评论员做预测和分析时的那种语气，似乎在说，你不赞同他们的观点就是个傻子。

在我经营的对冲基金公司——大都会资本顾问有限公司——请我们管理资产的客户各式各样，有百万富翁、家庭、慈善机构以及银行。我需要信心十足地领导我的团队，每次与投资者交谈都表现出自信。虽然我完全不知道接下来的市场走向，但我需要表现出我有足够的才智和能力来解决突发问题。我告诉他们，以我在这一行25年的经验，我见识过各种市场情况，从大恐慌到大繁荣，再到大萧条……这些只是人类对市场的情绪反应，并不体现公司的真正价值和商业模式裁决者的水平。

我们大都会的策略是着重于有"价值"的东西。这听上去有些模棱两可,但在华尔街的专用术语词典里,它意味着股票交易价格低于其实际价值的公司。我们找的是这样一些公司——看上去是失败者,或者业务一度中断,而市场又不知道怎么去解释这种状况为何发生。比方说,一家财产保险公司在飓风桑迪过后,或是银行和房屋建造商在2008年金融风暴和2009年经济衰退过后,可能会发现,他们公司的股票甚至整个产业的价值严重缩水。

我和我的分析师团队试图建立一个最佳的风险/回报的投资组合。我们寻找具有潜在价值的业内公司,哪怕现在的市场价格并没有充分体现其价值。我们试图评估正确决策的收益、错误决策的代价,探寻是否有什么方法能对冲一些下跌风险。值得一提的是,我是我们基金的最大个人投资者,我将自己的真金白银投进了市场,所以我非常在乎我们的投资组合。这是一个非常有说服力的卖点——我对我们的产品有足够的信心,不然为何把我大部分的资产都投入到公司的基金中去呢?

我的公司与其他现有的对冲基金公司相比,有一点最大的不同,即6个最高仓位中的5个由女性持有。这并非巧合,让我来告诉你为什么。

我有一个经营对冲基金公司的朋友,在他公司里没有女分析师。（我的公司里一直有女分析师。）我问他为什么，他坦白答道："男人带着想法进来时，他会拍着桌子告诉我，我们能赚多少钱。而女人进来后，则会告诉我投资可能出错的所有情况。因为我只有非常有限的资本去做投资，我只能听从最有说服力、最有自信的那个。"

他不是唯一会这么想的人。

对于我来说，当一个分析师带着一个拍案叫绝的想法和强大的说服力走进我的办公室，我首先要问的问题是："方案的缺点是什么？可能会有什么问题？"如果他们没有一个好的答案，那么就说明他们没有对局面做好充足的分析，没有充分意识到风险。只将一切完美进行的情况秀给我看是不够的，我必须同时了解可能会出什么问题。只有了解全局才能做出好的决策。

我承认，我的方法不是那种极具观赏性的、让人惊呼的"好球"。所以，仔细衡量过对机会的热情之后，我会有意识地尽可能不让我或我的女性员工特有的温和谨慎的性格，来影响我判断优势劣势或是影响我抓住任何机会。我意识到，她们可能对一个建议所表现出来的自信并不是那么明显。

但有时，一边倒好球也会一而再再而三地出现，尤其当你是一个投手的时候。

所以这次我的建议中还附加了"照我所说的去做，但不要做我所做的"的生活信条。有时我们女性需要摒弃小心谨慎、不愿承担风险的心态，要敢于冒险，要有拍桌子的自信。就像我们在《快钱》（*Fast Money*）[1]节目中说的那样，这能提高收视率。你要知道把球投给谁。

如果你不太容易接受这个概念，认为"应该用事实说话"、"我不想骗人"或是"我讨厌玩这种忽悠老板和上司的游戏"，这里我的建议是：有时领导也喜欢被人领导。很多女性害怕承担一项决策的成败风险。在投资中，如果某项头寸（Position）有了损失，而她们又提前说明了所有的风险，她们会把它归罪于投资组合经理（由他实际发出购买指令）："我已经把缺点说清楚了，他们不管怎样还是要继续。"

分析师为我们赚越多的钱，他们使用资金的权限就越大。如果我们不支持他们的想法的话，他们又如何为我们赚钱？同样的道理，如果我们想通过经营或领导一个部门来获得成功、刺激和权力，我们就没有不冒险的奢侈。男人们没有这种奢侈，我们为什么会有？

我需要自信的人才，他们敢于提反对意见，会毫不犹豫地告诉我错在哪里以及为什么。我喜欢人们的这种自信。这就是为什么坚持自我主张是成功的关键，无论你是职场新人，还是刚刚当上别人的上司或老板。

---

[1] 美国CNBC电视台的一档证券投资市场分析类节目。本书作者即为其常驻嘉宾。——编者注

C.K. 主义方法论之三
展现自信和说服力

1. 提前做好功课——无论是新的工序、新的业务,还是各种建议。就好比作为正方参加辩论赛,你要论证你的提议为什么好,想想你的说辞。挑刺的事情就让反方去烦恼吧,你不必狗拿耗子。但你必须了解它的不足之处,并提前准备好如何回答。切记,别把它直白地说出来。

2. 尽量在一开始就简洁、清楚、巧妙地把你的实例列举出来。以妙语开场,但是也要有相当的后援。即使最后的决定并未采用你的建议,你所花的精力也会被注意到和得到肯定。

3. 坚决杜绝一切不完整的信息。它会打乱工作节奏和加重工作量,既费时又费力。

巧妙地假装

我学会有关造势的最重要的一件事是:有时你必须表现得你"似乎已经"处在你想要的位置。有时你会觉得你是在装,有时根本不知道自己在做什么,暗暗觉得自己就是个骗子。在投资圈内,几乎所有人都有过这种感觉,想来有点好笑。

没有关系。开始是假的的东西经过实践就会成真。作为一位母亲、一个老板、一个在职人员、一个成年人,我们有时不得不假装。

一口吃不成胖子，你的专长不是一朝一夕就能养成的。这要靠长时间的培养，在成功和失败中吸取经验。我记得我第一次带我那两周大的双胞胎露西和杰克去看儿科医生。在填表的时候有一个问题是"母亲的出生地"，我脑子里的第一反应是"我母亲是在哪里出生的？"然后才突然意识到这张表格上要填的母亲应该是自己。所以我最好把自己看成是一位母亲，不管是否习惯、是否准备好。

装出来的自信最后常会变成真正的自信。但讽刺的是：

女性认为她们是在假装的时候，事实并非如此，因为大多数女性永远都不认为她们已经准备就绪了。

作为一个成熟的在职人士，我还记得第一次鼓起勇气，自信地代表自己（尽管私下里疑虑犹存）就一个重要问题发表意见的经历。那是我毕业后的第一份工作，当时我一个人住在60年代兴建的纽约上东区的单人公寓里。这间屋子给我一个人住是绰绰有余了，我用我的毕业礼金装饰了房间，还从一家别致的家具店找了些东西。我以为我会买很多东西，可事实上我只买得起一块小地毯。

杰弗里·施瓦茨，我终生的朋友和工作伙伴，邀请我跟他合伙为贝尔兹伯格家族创立一个新的风险套利基金。贝尔兹伯格家族是野心勃勃的加拿大金融家，换句话说，他们投标那些他们认为远高于市值的公司。这是我心目中理想的工作，真的，就是我一直梦寐以求的事情。

我们在派克大道和59街拐角处最高档的写字楼办公。这是一栋黑色玻璃的塔楼，配得上像戈登·盖柯这样的人物（电影《华尔街：金钱永不眠》里的主人公）。大理石的地面彰显着权力和超然，我有幸每天都在上面行走。这是欣欣向荣的80年代，收购交易每天都在发生。华尔街的银行家、律师、股票交易商、经纪人以及造谣者都干劲十足，有股买卖越大越好的气氛。

贝尔兹伯格家族早就认识杰弗里，他被视作天才少年，在华尔街上最大的风险套利公司之一——凯尔纳·迪莱奥基金公司工作。该公司在70年代中期到80年代后期经手了数百起收购交易，从中获得了巨大的收益（以数千万美元计）。杰弗里是刚从沃顿毕业的20多岁的新星。根据他在凯尔纳·迪莱奥所获得的成功记录，加拿大的百万富翁在1987年决定给他3000万的启动资金，指定他为他们新的风险套利投资基金的负责人。在当时，这算是一笔巨大的启动资金了。他们想让杰弗里建立一个机构来收购股份。

这个策略就是众所周知的风险套利。举个例子：X公司收到了Y公司的收购投标。一个风险套利商想要收购X公司，并希望扩大他与Y公司（或其他公司）的收购差价。这个差价就是套利。然而，很多时候交易由于种种原因而失败，其中包括X公司可能不想出售公司了，它会拒绝提议，而Y公司则会收回投标离开。X公司的股票则会回到Y公司投标之前的价位——对于股东来讲这个损失就是套利风险中的"风险"部分。

这个工作对于杰弗里来说显然非常得心应手。而我，则刚从沃顿毕业，除我在金融课上所学的以外几乎一无所知。我所学过的课程包括我最喜欢的《期权和投机市场》，我们都叫它金融第六课。但是他雇用了我，因为他需要一个工作狂，做所有简单乏味的工作（一个完全的初学者），同时愿意学习这个行业中晦涩难懂的领域（很多人刚来华尔街都想去最知名的交易所、企业财务公司、投资银行）。对于我们俩来说，这个时机刚好。

幸运的是，杰弗里是通过我姐姐温蒂认识我的。他们在沃顿是非常好的朋友（在她去好莱坞之前），在我还在上高中的时候，我们一起在佛罗里达州伯克莱屯市过的感恩节假期。作为一个16岁的假小子，我会和杰弗里在沙滩上打球并问他关于风险套利商的工作情况。他是我认识的唯一一个从事这一行的真人。

我刚开始在杰弗里的公司做一名交易员，主要负责根据杰弗里和研究部门的指示进行买卖，但是我同时还在学习交易业务。半年过后，我渐渐意识到，研究才是一项实际的能力。研究小组能计算出在一项交易中会出什么岔子，买方卖方合并协议会提供和保护什么权益，以及要完成一项交易要面临的调控障碍。他们还试图根据一系列因素计算出公司的价值，比如说，公司的现金流动量，以及公司在同行业中的竞争力。他们会做出一个合理的猜测，哪家公司或是私募公司也会成为收购方。这项职责比单纯交易更能创造价值。在投资的全盘计划中，我意识到我需要了解什么样的公司值钱以及为什么值钱。如果我沿着纯交易这条路一直走下去，就会走进死胡同。我的地图显示此路不通，虽然它离死路的尽头还有一段距离。

我知道我必须转到研究方向，而杰弗里正好有这么个岗位空缺。幸运的是，他对我的职业发展很上心，我们也经常讨论这个话题。在某次谈话中，我告诉他我真的很想试一试这个工作。我还告诉他，我决定要从交易换作研究。他则说其实我两样都可以做。我说，我觉得他所认为对我最好的选择其实并不那么好，并且请他不要招其他人。

说出我的愿望来制止他招收新的研究分析员，对我来说已经是非常主动的行为，但是我还需要进一步让他知道，他应该考虑让我来担任那个新职位。为了证明我已经准备好转去研究部门的决心，我必须同时向他和自己展示我能够站在不同的角度思考问题，即全面考虑一项交易的所有因素的能力，不单单仅限于股票分析的技术和数学方面。那次谈话过后的几个星期后，我以一次令人印象深刻的荐股向他证明了我的思维转换。

美国联合百货公司（Federated Department Stores）拥有诸多知名的零售商店品牌，如约旦·马什（Jordan Marsh）、伯丁思（Burdines）、沃纳梅克（Wanamaker's）、戴顿（Dayton's）、马歇尔·菲尔德（Marshall Field's）以及布鲁明戴尔（Bloomingdale's）等。它在1988年1月，收到了联合商店（Allied Stores）每股47美元的收购建议。尽管还没多少研究技巧，我仍然得出结论，我们应该持有联合百货的股票和期权，原因如下：

联合百货是一项独一无二的资产。凭直觉，我知道总会有人，比如那些被自尊驱动的投资者——以我的经验来看，多半为男性——想要拥有这些大型、奢华、著名的标志性产业。我推断，肯定有人愿意多花钱来购买联合百货，还有什么能比拥有坐落于曼哈顿中心地带的标志性的布鲁明戴尔——零售业的"希望之星（Hope Diamond）"[1]，更能说明"我已进驻"的事实？

甚至不用去了解联合百货的资金流量或是潜在买家的融资方式，我内心就已经清楚地知道，任何价位都有人愿意去买它。幸亏那时精通金融模型（我至今都不太擅长）并不是理解机会的关键。我记得我拍着桌子反复强调，竭力论证我

---

[1] 希望之星（Hope Diamond），也称海洋之心，是世界著名的珍贵珠宝，曾在电影《泰坦尼克号》中露面，这里比喻布鲁明戴尔在零售业的地位。——编者注

们应持仓联合百货。杰弗里友善迁就地听从了我的建议，至今我也不十分清楚，这是因为他本就决定持股，还是我说服了他。不管原因何在，反正他买了很多联合百货的股票。

果不其然，投标人之间的价格战不久便打响了。最终罗伯特·康波（联合商店的总裁）以巨额收购了联合百货，而我们则赚了好几百万。这是我的第一个股票建议，我佯装的自信正渐渐地被我所建立的真正的自信所替代。以前我从未听过"顶级资产"这个术语，但这次的投资经历让我体会到了它的含义。

我有一条经久不衰的理论，我现在时不时也会在特定的场合用到它：顶级资产在任何市场都不愁卖。也就是说如果一家高级资产要出售，无论全球或是金融市场状况如何，总是很快会有人愿意以全价或是超高价来购买，总之根本不愁卖不掉。无论这个交易符不符合经济理念，无论它是一支球队，还是圆石滩高尔夫球场（Pebble Beach），或是广场酒店（Plaza Hotel）。

值得一提的是，康波毁在太过于自我。他出价太高，以至于他在1989年经济大萧条后宣布破产。

那场经济衰退同样结束了巨额交易和杠杆并购的时代。在我刚起步朝着研究分析师努力并打了漂亮的一仗的时候，华尔街交易行业崩溃了，贝尔兹伯格资金也跟着缩水了，以至于他们不得不关闭基金。我不能再在那里学习交易的研究分析了。

我必须转而去其他什么地方来获得契机。我必须说服其他人雇用我。

关于巧妙假装的一些建议：

尽可能了解你未来的老板。每个人都喜欢谈论自己。

尽可能了解该领域的所有相关信息。别坐着傻等，知识不会乖乖跑来找你。

向你信任的人问问题。要小心你所问的问题会泄露你的幼稚。在银行分析业有这样一句术语：拥有的其他不动产，简称OREO奥利奥。当我问起这个缩写的含义并笑话它时，我已经暴露了我是个菜鸟。

怀疑你所怀疑的

我认识的一个女主管在她的电脑上贴了这样一句话："怀疑你所怀疑的。"

我们的职业道路并不是呈直线上升的。每次我们都需要做些改变，这个要花费很多精力和勇气。它需要创造再创造。虽然改变很艰难，但是比等待和不知所措要容易多了。你可以抱怨，并希望所有属于别人的机会都属于你，或者你可以调整自己，重新上路。我总是提醒我和我的孩子，生活并不是一场比赛，生活是要活出精彩自我。

在同一个地方工作30年的观念早就过时了，但是我当时不并知道，而且有很多人也仍然认为应当把职业道路规划摆在他们面前，哪怕这并不是明文规定。在我20多岁时，我坚决不接受职业改变终将不可避免的现实。

我25岁，我的未来一片黑暗。我的事业已经结束了吗？我问自己。我对自己充满了怀疑。在整个华尔街极速衰退时期，我需要再次鼓起勇气在其他风险套利基金公司找一份研究分析的工作。我不是一个研究分析师的秘密在我第一次面试时就被揭开了。

我接受了一些朋友的建议，为了找一份研究工作我一路假装。老实说，感觉上就像我是在试镜一个研究分析师的角色。

我试了几家，有些显然不适合我去，或是我不想去，哪怕他们愿意雇我。有一家我觉得对我不具挑战性，因为他们要我负责交易，还有一家完全不符合，因为我没有他们所需要的技能，而我具有的技能在他们这里无用武之地。这就好比是一场相亲，狗狗爱好者的男方问女方是否喜欢狗，而女方回答她对狗严重过敏，小时候还被德国牧羊犬咬过。

当我还剩6000美元的时候我开始变得非常担心。更有才的是，我认为花1500美元买一张我喜欢已久的木制古董书桌并没什么大不了，所以我只剩4500美金了。买这张桌子时我并没有还价，一来我讨厌冲突，二来我太天真了，不知道还可以杀价。然而我还得生活下去。

帝杰证券有一个面试让我感觉刚刚好。其实我在这里面试过好几次。帝杰证券是华尔街一家德高望重的大公司,它从白手起家直到成为集投资银行业务、交易和产业研究为一体的龙头企业;它是下一代华尔街新星的摇篮,例如托尼·詹姆士,百仕通的现任主席。

当时,帝杰证券任命克里斯·弗林执掌风险套利。克里斯是个有些古怪但又很酷的头发过早灰白的工作狂。他是公司从盖伊·怀瑟·普拉特公司挖过来的。撇开其内幕交易案不谈,在当时风险套利的竞技场,盖伊·怀瑟·普拉特与伊凡·波斯基齐名。其实,怀瑟·普拉特的书《风险套利》,虽然书名很没质感,我觉得却是所有从事这一行的人的必读书。我很喜欢这本书,大概我是唯一喜欢它的人吧。

为了准备面试,我学习了当时所有的交易,有幸回答出了克里斯所提出的所有问题。当他开出了一份比我以前挣得还多的工资时,我立刻开心得无法淡定了。

我们性格上也很合得来,我很喜欢他那另类的风格。他有一副很酷的猫眼镜,并且时常用他的手指往后梳理他那时髦的灰色长发。他喜欢恶作剧,起初我有点怕他,但很快我便发现其实他很渴望被人喜欢。克里斯会和我所在的团队谈论艺术和电影,也会争论当天午饭吃什么最好。他太太温蒂非常漂亮有趣,他俩总喜欢讲温蒂父母如何因为她没有嫁给一个犹太人而大吃一惊的故事。

在帝杰证券这里，我有了安全感。

非常幸运的是，克里斯以他的方式手把手地教我业务。他认为教我是一项很好的消遣，我从不为他那严格的指示而炸毛，也不会坚持以我的方式做事。（他不知道的是，那时我还没形成"自己的方式"或是任何方式。）我意识到，这种教学相当于我在研究领域的研究生课程。我学得很快，并且他也有需要向我学习的地方。（年轻人很容易忘记一件重要的事情——经验丰富的人也不例外——我们总是把不可替代的生活经历带到工作中。如果我们有求知欲又积极主动的话，每个人都能贡献其独一无二的知识。）

我非常熟悉新生的期权世界。期权有两个品种，称为"认购（意味着你对某股票看涨）"或是"认沽（看跌某股票）"。它是种证券，投资者可以用它来下风险赌注，有时跟直觉相悖，可以用来对冲他们的风险。例如，买入认购期权给予了持有人一个权力——而不是义务——可以在未来的某一天（称为截止日期）以事先约定好的价格（称为预购价格）来买入一股股票。期权可以让你持有大量股票，同时只拿出一小部分钱来控制这个仓位，更精确地控制你的风险。

比如说，一股IBM股票认购期权的售价是10美元，它给了我两个月后以200美元一手购入的权利。所以你可以以10美元一手的价格来控制风险，而不必付200美元一手。但是，两个月过后认购期权就到期了，如果股票低于200美元，你就失去你一开始投入的10美元。哪怕股票跌破150美元，你最多也就损失10美元。这是用期权进行风险管理。你清楚明确地知道自己会损失多少（你预投的10美元）；对于股票本身，你永远也摸不清。如果股票超过200美元一手，你可以"执行"期权，以200美元一手来购买。在期权到期的时候，你的杠杆能力就过期了。

当时很多风险套利公司并不熟悉期权，所以很显然，我的加入给他们带来了价值。尽管在其他领域我是一个菜鸟，但是我能在这个小领域领导一个团队。事实上，如今交易方式日新月异，总是有某些人能引领新开发的领域。我在那个领域找到了自己的节奏，我不再感觉是在骗人，我非常享受这份工作。

有意思的是，克里斯是从一家大型风险套利公司被撬来执掌帝杰证券的，他的前老板怀瑟·普拉特试图出重金挖我过去做他们的期权专家来反击克里斯。但是我在感情上还是倾向于克里斯的。我感觉，就算怀瑟·普拉特愿意付更多的钱，他也不会像克里斯那样尊重我，我也不可能受公司重用。但你懂的，如果有人邀请你跳舞，你总会感觉受宠若惊，哪怕你根本不喜欢那个人。拒绝更多的钱在当时很可能是一件非常正确的事情，但是事情的发展远远超出了预计。

1992年过半，我意识到风险套利业务急剧滑坡，一段时间内它不会再像以前那么辉煌。看得出来，无论你在风险套利这行有多么出色,你依然没有任何前景。我和克里斯在风险套利上的势头,在当时的情况下,已经到了头。但是,我还有其他技能。我懂得如何评估公司。那个将会非常有用。再一次,我需要转行。我陷入了绝境;我需要往后退,然后绕过障碍。乔安娜·科尔斯,《大都会》杂志的主编,最近和我分享了一句哲理:"别指望一个工作是无期限的,可以做一辈子。你要对你职业道路的发展有一个规划。"

不得不承认,我知道我该向前看了。

杰弗里,我曾经的老板和导师,和我一起想到了一个计划,那就是让我作为他的合伙人共同成立一个对冲基金公司。虽然我资历浅,但好歹也是个合伙人。而他是我的导师,在成为我的合伙人之后,他仍是我的导师。与在帝杰证券相比,我们的工作条件艰难多了——资金少,声望低,基础设施差,组员之间的感情也不深厚。

乔安娜·科尔斯说过,她曾有过两次以降薪为代价来换取机会的经历,两次她都成功了。对我而言也是这样,哪怕看似在后退,最终它还是会带领我向前。

当动力消失、停滞不前或是感觉其他人超过你的时候,你应该后退一步,俯瞰整张地图。人在工作时很容易就会迷失在细枝末节中,如果你遇到困难了,似乎只要不懈努力就行了。但是,你更可以换一个角度看问题。把注意力集中在几件最重要的事情上,可能效果会有很大的不同。

如果你觉得你正朝着正确的方向前进，虽然荆棘密布也别怕，因为没有一条道路是一帆风顺的，你可以设定一些实际可及的目标来为自己造势。想象一下，结识一到两位你们公司或是其他公司的重要人物；发展一位有利于你们部门的新客户或是建立一张新的关系网；或是推行一套可行的方案可以为公司带来直接收益（增加收入或是节省开支）。把实现目标当作自己的工作。然后，折起地图，继续前进。

评估改变时机和需求的准则

1. 审视动力停滞的原因。是因为你，还是因为你的行业，你的作用，或是你的机构？实事求是地回答这个问题。

2. 如果你才刚步入职场，你现在走的这条路是不是你想要继续走下去的？我们当中有多少人，从未深深地看着自己的另一半问过自己："我是不是愿意与这个人共度一生？"如果你对自己诚实的话，在内心深处你会找到你想要的答案。

找一个导师

导师并不是成功所必需的，但他的存在会对你的成功有帮助——很大的帮助。导师会针对你的职业给出独特的看法；导师对这个行业以及业内人士有更深的了解；导师更能对你的优缺点给出评估，并建议你哪些方面需要加强。他们集老师、教练、经纪人、主管、朋友和家人于一身。作为家人，他们可能没有你的母亲那么关心你，但是他们更了解你所在的那个行业。他们可以向你解释这个行业的等级制度，有时揭示一些潜伏的暗流。

早期，在我学习收购交易如何操作的时候，我认真地听取每个候选人的叙述：A公司代理投标银行宣称没有其他人对收购感兴趣，所以他们不应该出更多钱来收购B公司。A公司代理银行说他们的报价是"公平且公正的"，等等。但是杰弗里很快就教我，说A公司的话里有另一层含义。所以我必须过滤每条信息，着眼于"这对他们有何帮助"，而不是只看每句话的表面意思。我需要有人来教我这些东西来审视人们给出的信息"里面有什么对他有用的含义？"比如，在收购行业里，"公平且公正"的解释是"除非有其他人愿意出更多钱，否则我们不会再加价了，或者B公司给我们看机密资料，向我们证明为什么值钱，那么我们才愿意加价"。很明显，这和我起初的理解"我们的出价是合理且公正的"大相径庭。有人能向你解释你所在这行的全局是非常有帮助的，在生活中和事业上，有些事情并不只是表面上看起来的那样。

有时，对于一个女人来讲，如果你被一个备受瞩目的男性保护在羽翼下，人们就会谈论你。我曾经担心人们会以为我和杰弗里搞外遇。我知道我们没有，他也知道，但是人们会怀疑。他们会以好的方式及坏的方式谈论这件事。这无关紧要，更何况，你担心也没用。

我一个在图书行业的朋友有位导师，他教她这行的诀窍——什么行得通，什么行不通，什么能使一本书比另一本同样出色的书更畅销。她饥渴地吸收着这些诀窍和关心。她知道她会引起其他人的羡慕嫉妒恨，但是这些意见太有价值了，她很乐意为此忍受一些不愉快。如果人们看见你被人提携，他们就会重新审视你。嘿，如果有人要你，你一定有什么地方有价值，不是吗？就好比两个小宝宝相互挨着玩玩具，很快他们就会窥视对方手里的玩具。这是人类的本性，并不会随着你的成长而改变。

我经常与人分享3条简单易懂的师生关系的真理：

◆ 和其他重要的关系一样，和导师之间的联系并不是一蹴而就的。这不是一个职位描述或是一个指定的角色。（如果你在公司被指定了一个导师，好好利用这个福利，尽一切可能学习，但别指望这个关系能给你带来真正的情感投入与关心。）

◆ 一个导师在你身上的投资就像你在他们身上的一样。这个关系是随着时间而发展的。

◆ 你和你的导师都在对方身上押宝，你们都希望对方成功。

如何选择一个导师：

1. 选择你身边的资源。如果这是你的第一份工作，哪怕问一个在那里待了仅一年的人，或许也会有很大的帮助。向下级寻求帮助也可以。私人助理和秘书可以提供一些重要的信息，尤其是揣测老板的需要。比如，他们或许会建议："如果老板办公室门关着的话，千万别进去打扰；这可能代表她的心情很糟糕。"

2. 考虑选一个男性。很多女性对其他女性有亲切感，愿意接受母亲般人物的帮助。所以你会自然倾向于找一个女性当导师。这种自然倾向其实是一个错误。为什么？如果你身处男性主导的行业，像在华尔街，地产业，或者从政，现实是你将发现成熟的男性比女性要多得多。我说的无关乎性别，这只是数学逻辑。

3. 选一个有女儿的男性——他会在你身上看到他女儿的影子，从而想要帮助你。

4. 别选一个没有家庭的未婚中年女性。如果你有，或是想要一个家庭的话，这就不是你最好的选择。她可能把更多的时间和精力放在工作上，而这恰恰是你望尘莫及的。你将会一直处于紧绷状态。你还必须要有超越你导师的觉悟。

5. 向后看——你上一份工作时的某个同事（取决于你离职的原因），甚至你的前任老板，或许能给你提供一些好的看法。

6. 你并不必向人请求："你愿不愿意做我的导师？"那样会让人感觉是被迫的或是被算计的，尤其当你非常草率地提出这个请求时。相反，当你已经在那里待了一段时间，尽可能地吸收知识，并到达了一个重要阶段后，比如你的第一次工作评定。那个时候或许是寻求咨询的最好时机。

如果你是别人的导师，在这个商业社会，在你给出你的知识和资源的同时寻求同样的回报并没有什么可耻的。选择一个好的学生将为你的团队带来有价值的一员猛将。很显然，你也要准备好有那么一天，那员猛将成长到不再需要你的指导和这层师生关系，那并不要紧。帮助他们发展，往往所得到的回报也不会太差，而他们在你的帮助下也可以成长为无价之宝。

我的朋友朱莉有一个超级助理，南希。是在她担任杂志部编辑的时候随意分配给她的。南希什么事都做，什么要求都能事先想到，重写稿件、倒咖啡，并永远带着适宜的积极乐观的态度（简直是为朱莉量身定做的）。

朱莉听说总公司另一家杂志社在招募一个助理编辑。虽然她非常不想失去南希，但她更不想阻碍南希的发展。对朱莉来说绝口不向南希透露这个工作机会根本不是一件难事，但这不是朱莉的风格。她知道，没有南希她也能将就。朱莉真心地推荐南希，最后南希得到了这个工作。几年后，南希成为那家姐妹杂志的编辑，当朱莉在家陪孩子并需要一份自由职业时，你们可以猜到谁给了她这份工作。

C.K.主义方法论之四
成功者的商务旅行说明书

1. 别让别人帮你提行李,简装上阵。
2. 确保你的行李箱工作良好。
3. 确保你知道到达目的地的另一条路线(住宿,碰面地点,以及机场等)。检查施工项目、游行等所有对路线有影响的事宜。把指南打印出来放身边。别把所有的宝都押在全球定位系统上(注意:无论你是被指定做这个工作的菜鸟,还是团队领导者,第3条建议都适用。每个人在暴风雪中都会跟从一个冷静的向导)。
4. 随时准备接手开车(尤其如果你是一个好司机的话)。
5. 如果你老板喜欢星巴克、巧克力饼、烧烤或是当地的美食,最好知道几家特色餐馆的地点。
6. 永远不要成为最后一个,让所有人等你。
7. 在身边放几份演讲稿的复印件,同时确保你的电脑里也存着你的演讲稿。
8. 不论你遇到什么困难,绝对、绝对不要抱怨。

预计所有需要,以及为未知的事情做好准备的重要性,怎么强调都不为过。或许你在其他领域不如别人,但是这个优点将会使你成为无价之宝。你可以慢慢培养这些技能。有些技能你已经掌握,你需要做的仅仅是再想多一步。这个话题我会不断地重复。问问自己之后会发生或是可能会发生什么事情,这将使你看起来很聪明。

要获得动力,找一个好的老板

找一个好的导师的必然结果就是找到一个好老板。但是,很多时候这并不是你能决定的。但是偶尔,你还是有机会和你崇拜或是敬畏的人合作的。尽可能多地和他们接触。试着参与他们领导的项目,哪怕是要托人让你参与。如果你没被指派这个任务的话,那就义务提出帮忙。然后,当然,你得拼命工作。竭尽全力做成这个项目。开会前一定要准备充分。

如果有机会和那个人一起出行的话那就中头彩了。你可以向他展示你的其他本事,因为人在旅途也是生活的象征。往往你最终学到的并不是有关某个项目、投资或是客户的知识,而是一些交易的诀窍或是暗语。但是有两项是你肯定会学到的:第一,如何思考——如何学习思考的艺术来帮助你理解某个行业;第二,领导艺术——这里指性格魅力。

这些是我所记得并想传达给你的东西:我知道尽管钱少,我和克里斯在一起工作比和其他我不尊敬的人在一起更觉得富裕。有时,我也会遇到一些非常不文明的行为,如摔电话、大声尖叫、轻视、自贬身价，但大多数时候都是作为一个旁观者，而不是这些老板的直系下属。这些言行的效果将伴你一生，并不会轻易被抹去（如果将来有一天你成为老板的话请记住这些）。我也见证过令人难忘的优雅、慷慨、才华、智慧以及强烈的职业道德。

以下是一些我通过观察和体验所总结的有关人的真相：

◆ 人有时候会干蠢事——有时只能这么解释。不存在什么隐秘的"装疯卖傻"的原因，仅仅是愚蠢而已。

◆ 人会撒谎——如果你是一个老实本分的人，你会觉得难以接受。

◆ 人们对别人的信任程度和自己被信任的程度成正比。

◆ 每个人的动机并不都是清楚明确的，或是和我们的一样。要经常问自己，别人的动机是什么——他们想从这次交谈中得到什么？为什么他们要编造给你的信息，是如何编造的？

◆ 有些人的动机源于心地善良。接受它，分享它。要注意的是那些人不太可能有权有势。

如果你有一个"糟糕的"的老板——如果他真的很"糟糕"——尽早想办法摆脱他。如果可能的话做以下几件事：存钱，有个保障基金，让别人知道你准备采取行动。恶老板不会有一天突然良心发现。你有时可以在恶老板的压迫下挺过来。如果你想继续学习，积累经验名望，和同事们找找乐子的话，不如在恶老板身边待上一段时间。但是一个处处针对你、妨碍你的老板将会榨干你的精力，使你在很长时间内都元气大伤。

我朋友戴娜·布克曼告诉我她如何多次跳槽，为一个又一个——（此处请自行填入一个不敬的形容词跟一个不敬的名词）工作。如果他们不给她合适的工资，她辞职；如果他们太不尊重她，她辞职。她不停地辞职，辞掉超过半打的工作，直到她找到喜欢的公司和老板：利兹·克莱本和阿特·奥滕伯格。那个地方简直太适合戴娜了，利兹和阿特非常出色，又"开明风趣"，所以她在那里一待就是26年，直到她退休。

总是提前打算

你可以从简单的事情开始做起，慢慢地培养这种技能。简单的事情往往是最重要的，也是最容易被忽视的。

戴娜讲过一个部门负责人在80年代中期与阿特·奥滕伯格会面的事情。当时那个部门负责人答不出阿特提出的问题，因为别人没有来得及回复他，给他提供相关信息，对此，阿特的建议非常简洁明了——他举起他的手指问："看这是什么？这是根手指。"他用那根手指指向桌上的电话："那是什么？那是电话。"

戴娜一直铭记阿特的建议,并把它理解为3层意思:

1. 如果电子邮件行不通的话,亲自打电话联系通常会得到你想要的答案。

2. 总有一种方法可以得到你想要的信息,这种方法可能是你不经常用的。

3. 责备别人很容易,比如抱怨说:"我不清楚,因为他没答复我。"如果你脑子里想着准备责备别人的话,不如想象着"手指着电话"的画面,想办法找个更直接的方法去得到你想要的信息。

在全美广播公司财经频道,我们有一个助理项目,每6个星期就轮换一个助理上《快钱》节目。他们的职责包括让每一个专家都签一份所持股票仓位的披露申明。早期的时候,我们有一个非常可爱的助理,每天她都会问我:"费尔曼小姐,你能不能填一下这份披露声明?"我则回答:"当然可以。你有没有笔?"她会说:"哦,我马上去给你拿一支。"

这段对话在6个月里每天都会发生(我大可以自己买一支笔,事实上我随身就带着笔,我这么做的原因是想要测试她。没错,就是要考考他们)。在她实习的最后一天,她像往常一样把表给我,问:"费尔曼女士,你能不能填一下表?"在我还没开口问她要笔之前,她很有经验、沾沾自喜地笑着说:"你是不是要一支笔?"我说:"是的。"她随即回答我说:"哦,好的。我去给你找一支来。"

唉,很甜美很可爱的一个女孩子,但就是太迟钝了,学不会事先做好准备。(如果有人动了她的奶酪的话,她不出一个礼拜就会饿死。)

她离开后的那个星期一,一个新的助理向我们做了自我介绍,然后对我说:"费尔曼小姐,能不能请你填一下这张表?"我回答:"当然,但是我需要一支……"

没等我说完,他就接着我的话说:"笔。"他伸出他的双手,手心向上,每只手上都有一支笔。"蓝的,还是黑的?"他问。

我可能不记得他实习时期所做的其他事情,但是我向你保证,如果他打电话给我要我帮忙的话,我一定会帮他。我们在节目中经常用这个指代谁抓住了重点:"蓝的,还是黑的?"

蓝的还是黑的——也许这只是菜鸟的版本,但是这个词的教育意义是和整个职业生涯息息相关的。记住要学会提前计划。最好的风险套利商不仅仅是光想下一步会怎样,他们想的是市场的下一步反应以及之后将会有何变化。而最好的价值投资人则乐于见到市场恐慌,那时是他们买入的最佳时机。他们不考虑现在正发生的事情,他们着眼的是将来。

第4章

尝试不对称风险

我想告诉你的是，不管我们愿不愿意承认，我们无时无刻不在冒险。风险本身不是一件坏事。女人不该因害羞而远离风险；我们要深思熟虑，押对宝。我们要确保冒险的时候睁大眼睛。你不去考虑一个情况的利弊，不代表它不会发生。我们不能无休止地等待，直到每件事情都感觉无风险了、安全了。

不对称风险是投资术语,指的是一种结果的大小和可能性远大于另一种结果的大小和可能性的风险——比如说,好处(收益)和坏处(风险)。

当你被邀请去参加一个鸡尾酒酒会,会上你谁都不认识,这个机会就是不对称风险的典型例子。这个酒会可能会使你觉得很无聊,这样的话你最多早早离席就好了(没多大损失);也有可能你可以认识一些值得相交的朋友,与他们度过一个美好的夜晚;也可能他们中的某人是你仰慕已久的(收益可能会颇丰)。

如果你这么看待风险的话,能使自己更容易适应新的处境和发现新的机会——我们的思维就会清楚地发现我们抵触去尝试的事情其实并没有什么坏处——尤其是我们自身的害羞和含蓄。有时候,我们只看得到事物坏的一面,所以我们在回绝的时候根本不考虑它所带来的好处。

让我来跟你讲讲24年前我的一个不对称交易的例子。这是我在华尔街的第一份工作,我当时正操作一个非常复杂的股票和期权交易。我不想谈论太多细节,但大概就是这么回事。

什么是最坏的情况?

一群投资者同意以杠杆收购的方式来收购我们持股的联合航空。当年,好多其他公司,比如雷诺兹·纳贝斯克公司(RJR Nabisco)和雷夫科药店(Revco drugstores),也是这么操作的。在杠杆收购中，一个或是一群投资人以高价买下某个公司的所有股票，成为该公司的新东家。通常，买家用借来的钱来收购公司，这就是杠杆收购中"杠杆"的来源。新东家投入的资金和将来要偿还的借款与新东家有直接的利害关系。

新东家接下来要想方设法提高管理和效率来增加收益，更重要的是来偿还贷款，就好比房屋贷款一样。当所有贷款都还清后，新东家就有100%的公司拥有权。这类投资可能有巨大的回报，但是也存在风险。

与此同时，这项交易对于现任东家来说非常具有吸引力，因为他们通过出售股份，以远高于市场价的价格出售他们的公司。雷诺兹·纳贝斯克在KKR集团以最终109美元一股收购之前，每股售价低于75美元。在联合航空的交易中，买家从日本银行贷款，准备以每股300美元的价格收购所有股份从而获得公司控股权。收购战把股票从1989年8月的每股150美元炒到了近300美元。包括联合航空的员工和私募股本公司在内的一群人，都在吸纳股民手中的股票。在以每股300美元成交之前，有一些金融和管理方面的问题还没解决，所以当股民们等待着最终的收购结果时，股价差不多是每股280美元。于是我们每股赚了20美元。

我产生了一个想法，使用一种策略来"对冲"我们的头寸，就是说靠看跌股票来赚钱。经过分析后，我认为如果收购推迟的话，有大概15%的概率股票会跌至260美元一股。在这种情况下，我们的期权产品是专门为交易员量身定做的"1x2卖权差价"。如果收购推迟的话，它的价值会从当时购买的成本，也就是每股2.62美元上升到每股20美元。如果收购准时完成，那我的期权产品将一文不值。但是我们仍然能够从股票上赚取每股20美元，因为那些通过杠杆收购的买家会用300美元每股的价格来完成收购。

所以我的对冲策略看似是双赢。如果收购成功的话，我们将损失2.62美元，但是一旦收购推迟，我们可能每股可以赚20美元。

听上去不错是不是？

大错特错了！

我非常幼稚地没有考虑到一种情况，那就是收购完全失败而不是仅仅被推迟。我设计的这个复杂的期权产品，只有少数的精通期权模型的年轻交易员或者投机分子能够理解。我当时感觉我做了一个相当深奥的分析来考虑风险。但是我没有考虑到一种完全可以预见的情况，那就是收购谈崩了。

让我带你回到那个时代，来感受一下我当时的兴奋。那是80年代的后期，准确地说是1988年，那时市场已经从1987的股崩中完全恢复过来了。杠杆收购当时就是潮流。似乎每天就有一个更新、更大、更炫的杠杆收购被公布，随着银行贷款量的增加，收购的规模也在与日俱增。而我正处在这股潮流的中心，交易着那些和收购有关的公司的股票和期权。那些公司对于杠杆收购公司（也称私募公司）而言，就像是狂欢节中狂热投标赛中所赢得的奖品。

不只我一个人犯这种愚蠢的错误。其他人也如我一般，没有预见到收购可能会完全失败，因为我们相信杠杆收购者的钱袋会永远敞开。好多银行团队每天都在寻找着可以被收购的对象。很少有人会去思考，这些公司是否能够承受住那些财务负担、那些杠杆收购所背负的债务。

如果一个公司需要用它所有的现金来支付债务，那它就不能很好地投资它的店面或者进行研究和拓展。鲜果布衣（Fruit of the Loom）是80年代后期德崇证券负责融资的一个大型的杠杆收购交易。鲜果布衣其实是一家十分简单的企业，经营T恤和内衣。但是，它负债累累，已经承受不起一丝一毫的错误，所有的盈利都被用来支付债务利息，以至于为了提升竞争力而改建现代化工厂的计划最终胎死腹中。就像那个时代的好多杠杆收购公司一样，它宣告破产了。

当然，经济增长很有可能将会放慢，那些公司所期待的盈利也无法实现。然而几乎没有人去关注这种下行风险——一些非常糟糕的事情有极小的可能会发生。关于狂热与恐惧，这是我上过的最生动的一堂课。人们总是认为未来就是现在的延续。但是市场、经济和投资者的心理却是周期性的。世事难料，但又总有转机。我们认真听，就能听到。反转，反转，反转……一会儿赚了，一会儿又亏了。

你可能已经猜到了，那个小概率事件发生了，联合航空的收购最后黄掉了。我还记得，当时我坐在电脑前，市场已经关闭。我看着不停滚动的头条。虽然是转述，但大概的意思就是"谈崩了，联合航空的首席执行官从日本无功而返了"。

我的心都凉了，胃开始抽搐。如果收购成功，我们预期能够赚取40万美元（这在1989年已经是很大一笔钱了）。但是最终，我们损失了好多、好多个40万。这在当时是多大一笔钱啊。我那自作聪明的期权产品当时的成本是2.62美元一股，但当尘埃落定的时候，我们还要额外支付每股80美元才得以解脱。

所以这里的数学并非是花2.62美元来赚取20美元，也不是损失2.62美元那么简单。事实上应该这么算，我们花2.62美元期待赚取20美元，但同时我们承担了比噩梦还要大的未知风险。这么看的话，我设计的期权产品就没有那么高明了。这就是我没有设定任何条款的结果。这简直太可怕了。我们的损失惨重到我难以想象的地步。

除了在我那"高明"的对冲产品上损失的钱，我们在我本来试图对冲的股票上也亏了好多钱。联合航空收购失败所造成的冲击，事实上给80年代甚嚣尘上的杠杆收购画上了句号，直到五年后才又慢慢开始复苏。

这个被忽视的不对称风险是我职业交易生涯中的最大

败笔（直到今天还是如此，当然我希望在我今后的职业生涯也是如此）。这次收购失败的可能性微乎其微，以至于我根本没考虑过它。但是潜在损失的数量让人胸闷，准确地说，令人极度厌恶。（顺便提一下，还记得那门教授有关风险和收益的期权课程吗？那个令人尊敬的金融第六课的教授，铤而走险地操纵一家投资公司持有的证券的价格，他使得这家公司的资产看起来比实际拥有的更多。这个老师最后进了监狱，我想那家公司最终也只能走下坡路了。这是怎样的不对称风险啊。）

在我们分析这些风险是怎样出现在我们生活的方方面面之前，我想讲给你听另外一个投资故事。上述的联合航空的故事讲述的是一个不对称风险，它的下行风险（未意识到的）远远超过了上行风险。但是，现在我要讲的这个故事却恰恰相反。我们都喜欢这种事情发生，尽管它不常见。

这是个本垒打。

在本垒等待一记好球然后挥棒

联合航空的经验告诉我们，在大都市中，我们都想寻找让我们的钱能翻番的不对称风险，而不是损失。看上去这再直白不过了。只要寻找，总能发现被隐藏的珍宝。

投资机会总是时不时地出现。通常不是每个人都能注意到，从外表看也不是那么吸引人，除非你仔细观察。真正好的投资机会会给你很多种赚钱的办法。在2009年，我们在一家叫戈兰尔的公司找到了这样的机会。

我们当时坚信（现在依旧相信）世界对能源的需求量将会不断上升。我们也相信，对于世界上的很多渴望能源多样化的国家而言（出于对政治、经济和环境的考虑），天然气慢慢将成为一种切实可行的、有价值的能源替代品。但是这些国家的能源需求并不能从它们的国内市场得到满足。特别是，我们相信日本和中国对天然气的需求将会增长，因为他们不能自给自足。

至此，一切都是那么清楚明了。

我们想把宝押在亚洲不停上涨的对天然气的需求上，并且想用一种最纯粹的办法来博一把。我们不想赌那些新的天然气发展项目，因为它们光建设就需要好几年，并且似乎总会有"出其不意"的延迟和障碍。我们也不想赌美国的天然气价格，因为从供需关系变化情况和不菲的运输费用角度看，这是一个完全不同于亚洲的市场。我们想赌的是输送到全球的液化天然气的数量，我们赌它会上升。并且我们还知道由于造船时间、资金和特殊技能的限制，能用来运输的货船数量增长得相当缓慢。

我们盯着某个我们最喜爱的投资者，来自挪威的约翰·弗雷德里克森，因为他也用同样的理论来寻求投资机会。弗雷德里克森是当代版的霍雷肖·阿尔杰，出身低微，是一个焊接工的儿子。他一开始是在一家船舶经纪公司工作，这家公司专门安排载货轮船。故事应该从他在80年代两伊战争时靠运油发家说起，当时很少有人这么干，因为大家都觉得风险太大。这种风险却带来了暴利，最终他成了挪威最富有的人。他行事低调，尽量和媒体保持距离。我们视他为一流的股东。弗雷德里克森和他拥有的实体公司是戈兰尔最大的股东，并且有效地管理着整家公司。

在弗雷德里克森的带领下，我们也大量投资了戈兰尔。事实上，我们发现这个机会实在是太过诱人了，以至于在最大限度地为我们自己的基金购入过后（不可避免的寸位和手数的制约），还为那些只想持股戈兰尔的投资者专门设立了一个基金。

戈兰尔被定位为最完美的独一无二的投资机会。它是相对较新的液体天然气运输行业里的领头羊。在呈气态的时候，这种能源很占地方。为了运输它，一定要降温到零下163摄氏度使它变成液体。这些液体被装在特殊的高度机械化的船上，在到达目的地后，再被重新加热成气体。戈兰尔是第一个弄懂怎么在油罐里进行这个过程的公司。这些油罐叫作FSRU（流动、储存、重新气化、单元四个词的英文首字母组合）[1]，世界上没有其他人拥有这项技术。

营业额来自想要使用这些油罐运输货物的公司，戈兰尔

---

1 FSRU，指floating, storage, re-gasification, units的首字母组合。——编者注

对这种运输每日收取费用。一点也不奇怪，就是每日收费。这些油罐的运营成本其实没什么变化，就是些船员的费用和轮船的油费，还有一些平常公司的杂费。这就是油罐生意的美妙之处：当有大量货物运输需求的时候，每日收费可以涨得很高，但是运营成本根本就没有什么波动。当全球液态天然气的需求高涨时（特别是亚洲），每日收费急速上升，从2008年至2009年的低位，大概每日22000美元，疯涨到了150000美元，使得利润以指数方式增长。

因此，在对戈兰尔的投资中，我们有几个有利情况：（1）盈利猛涨；（2）多余的现金流允许戈兰尔造更多的轮船来赚取更多的钱；（3）市场开始关注这个机会，好多人疯抢这个股票。在2008—2009年金融危机的底部，戈兰尔的股价低至3美元一股，然后猛涨到十几块，接着就是20多块——这阶段，公司一直给股东大量的分红。然而，一件离奇的、完全意想不到的事情发生了。2011年3月11号，日本的地震—海啸—核泄漏三重灾难使得船运贸易更加夸张。

核泄漏的结果是日本关闭了它的核电站。但是，这个国家仍然需要能源，因此他们转向了最可行的替代品——天然气。运输这些能源的船只需求疯涨，费用超过了20万美元一天，接近最低点的十倍。股价也超过了40美元一股（涨了13倍还多），这还没算我们从这笔投资中所得到的分红。这是我们所见到过的不对称性风险中最好的例子之一。尽管从灾难中获利不是我们的本意，但无法预见的事情总有意外的效果，有时对你有利，虽然并不经常是这样。

不对称机会

在你的工作生活中，你也有机会碰到不对称的交易和决定。我们来看看应该如何评估它们：

◆ 考虑所有的可能性才能创造有利的不对称风险。我总是对那些糟糕的任务或是挑战感到好奇。比如，如果你有机会接手一个处于困境并且连连亏损的商店，那将是一个很棒的不对称风险。然后，你第一件应该做的事情就是降低你老板或是管理层的期望。我们总是会看到新上任的首席执行官试图扭转公司困境，但当他们做了一小段时间后，他们会宣布一个所谓的"厨房下水道"季度。这就意味着他们调低了期望，突出了那些需要解决的问题，把它们都扔进了"厨房下水道"。

通过降低期望，你已经创造了超越那些期望的机会，并且做出了一个有利的风险/回报剖析，那就是一个有利不非对称风险。好的结果就是，如果你扭转了颓势，你就是英雄。往糟糕的方面讲，如果你不能扭转一个亏损的企业，这也不是世界末日。永远不要排除好的可能性，要问自己"什么事情可能会做对？"

◆ 寻找并且评估看不见的风险。永远用心做好功课。每次我做投资的时候总会寻找盲点。不对称性机会可能会自己撞上来，或者你也可以自己发掘。睁大你的眼睛，你需要去评估亏损的可能性和亏损的幅度。如果你买房产、做交易，或者为新工作讨价还价，每次你都要记住，至少要像评估看得见的风险那样，去评估看不见的风险。我从过去的苦难经历中学到，一些看不见的经验包括：那些阻碍你生意的新规定的实施；一个全新的竞争者或者你的死对头跑到了你的地盘；失去你最最重要的客户。

◆ 要接受这样的思维方式，那就是，不可能的事情会发生，并且我们每天都在冒险。如果在联合航空收购案中，我能够意识到有谈崩的可能性，哪怕很小，那么我也就能够发现我的期权产品蕴含了多么不明智的风险。现在，更明智的我总能考虑到那些不可能的事情会发生的可能性。作为一个基金经理，为了防止那种情况发生，你绝不会把你所有的鸡蛋放在一个篮子里。你永远不知道什么时候那些根本不可能发生的事情会成为现实。

当机会来敲门

1992年，当时我还在帝杰证券，我意识到自己的职业轨迹走得不是那么好。我觉得我做着一个体面的工作，但是当时华尔街的环境是那么糟糕，我们部门的业务也非常惨淡（"交易与收购有关的公司股票"，但是杠杆收购风潮过去之后并没多少收购成功的案例）。我看不到我们如何能成功。

但是华尔街的其他行业开始抬头。美国也渐渐从储蓄贷款的危机中走了出来，任何熬过这次危机的公司都摆开姿态准备开始赚钱了。同时也有好多破产和重组需要关注，伴随着80年代的崩溃，它们都是那些失败的杠杆收购。我觉得在套利行业，无论我们的团队多么聪明，我们根本不可能比得过重组行业的人，无论他们有没有天赋，原因很简单，那就是，我们没有好的套利机会。我觉得是时候离开了。

差不多就在我得到这个结论的时候，杰弗里·施瓦茨，我在华尔街的第一个老板（同时也是我的导师、合伙人以及一生的朋友）建议我组建一个对冲基金。这是一个相当奇怪的想法，但是他找到了我，因为我们相互欣赏，还因为我对杰弗里想要关注的领域略有所知，那就是小型储蓄贷款。早在贝尔兹伯格的时候，我们就开始关注它了，但它不符合那里的投资策略。储蓄贷款危机过后，这个领域反而成了一个金矿。银行都很便宜，如果你知道哪些值得购买（比如，那些没什么坏账，并且储备金充足的银行），你就会做得不错。我年轻，雄心勃勃，并且异常努力，这没啥坏处。另外，他无须多问，他知道我会随时待命，因为我不可能对现状感到满意，我被束缚在了一个没有明显上升可能的职务中。

基本上，他呈献给我的是一个有着巨大上升空间的机会，而我要以努力工作来回报。任何事情都伴随着风险，我的风险就是要离开所谓的"大企业"和安乐窝，迎接我的将是破烂的、不被信任的对冲基金的全新世界——自主创业。另外一个劣势就是我搬进了一个小多了的办公室，只有少量的员工，并且没人聊天。而我得到的是事业上的发展。

　　决定并不难做，特别是考虑到我没有房贷，没有小孩，也没有其他的期望。杰弗里甚至同意保证我每年25000美元的工资来得以温饱。比起我当时的收入，可是打了大折扣了，但是前景是如此美妙，如何取舍就显而易见了。

　　成功了！快进到今天，我们赚的钱大大超出了我们的预计。我从来没有对这个决定感到过后悔。不对称风险并非总是那么容易考量的，但是我们一直担着这个风险。有些看起来理所当然，但有些是违反逻辑的。你有没有闯过红灯？作为一个典型的纽约人，我时常这么干。对于一个有着四个小孩的妈妈来讲，这么做很愚蠢，是不是？好处是你能快速地穿过马路。风险是四个没妈的小孩，外加一个丧偶的男人。我从没说过我很聪明。

　　问自己这个问题：怎样才能发掘值得一冒的风险？

　　让我先问你几个问题，你先思考一下一些很明显或者无意中你在承受的不对称风险：

一、自主创业

这是一个很多人都会遇到的，既普通又困难的不对称风险。如果它真的是你的梦想，如果你在临死前会后悔没有做出任何行动的话，那么很明显，你现在就要把它考虑在内。对很多人而言，去读法学院是一个心照不宣的事情（嘿，律师们，别装了。你们知道我是什么意思）。当你在考虑这个决定的风险时，要花大量的时间清楚地定义你的下行风险。这样的话，你才会做出最好的决定。举个例子，你要准确地界定将花多少金钱和时间在这个尝试上面。你不能对这些因素不设限制，否则你肯定没法准确定义风险。

如果你不这么做，你做决定的过程就会有漏洞，这会导致一个错误的决定、一个糟糕的结果。当然，你还需要考量好多别的因素，比如，你所处的人生阶段，你是否有小孩，你是否有房贷，如果你选择创业你会失去怎样的工作和机会。当你考虑自己创业的时候，请先从下行风险开始，就像建立风险/回报模型那般。在你思考时，请不要忘了把别人的生计问题，需要承担的压力和责任等因素都包括进去，因为没有人比你更在意公司的发展。雇员们会用怀疑的眼光看你。你也可能会损失一大笔自己的钱财。但是，请记住，你可能会得到的好处是：（a）成功带来的光明前景；（b）养活了雇员们；（c）当你要实现一些想法时，比起过去，你只需做少量的投入。

对我与我的合伙人而言,当我们刚开始我们的生意时,我们并没想太多,也没给自己太大压力。他的钱足够他冒这个险,而我能失去的并不多,最坏的结果也不过就是重新回到原点,这和我现在并没有多大差别。我觉得,就算我们不能成功,我也能找到一份工作。我有在大公司工作的经历,并且华尔街也在不断成长。

我们设了时间表:我们先试个一年半看看。对冲基金的生意在当时就如同婴儿般刚刚起步。在金融世界的这个角落,机会大把。那时对冲基金行业还很不稳定,并不是每个人都有相同的成功机会。如今,它发生了翻天覆地的变化,已经步入成熟期。发生在日本那一连串的灾难戏剧性地改写了风险/回报的剧本:(1)这个行业聚集了一代最聪明的人,已经显得相当拥挤;(2)市场环境并不有利(比如更多的困难,由于我们已经是一个全球市场,方方面面的风险都要考虑进去);(3)投资者都没有耐心。

但就以上几条而言,我也不会建议任何人都不要进入。你不可能一生都在等待时机。

我记得很多很多年前读过一本书,书名叫作《亲爱的艾比》,书里有个男人写过这样一句话:比起其他任何职业,他更愿意当一名兽医。但经过7年学校学习和实习,等他当上兽医,他已经快40岁了。作者回复时问那个男人,如果他什么都不做，7年后他会是几岁。

二、最后通牒

让我再给你讲一个我的冒险故事，这次是我的私事。这故事不是给那些胆小鬼听的。在我和我现在的丈夫约会两年半后，我越来越清楚并且对此感到生气的一件事情是，我想嫁给他，但是他却表现得不紧不慢。这件事开始影响到我们的关系了。

我对劳伦斯可谓一见钟情。我们之间很来电，不仅仅是身体上的，还有精神上的。我能使他发笑，而他也能聪明地挑战我。他最酷的事情就是土里土气。他根本不在乎外表，不在乎大多数人是否喜欢他，也不在乎他们是否觉得他不酷。他知道自己是谁。他高中年报的照片看上去像个书呆子。但是今时今日，他毫无疑问是个帅哥，而且，他似乎一直都知道自己就是这样。

我从他身上看到了一个想要成家的成熟男性。我敬佩他和他合伙人之间的关系，特别是他对他母亲的尊重，他对女人的看法全来源于他的母亲。我曾一度想象着和他生活在一起，但是渐渐地，我开始怀疑是不是只有我这么想象。

1992年，在华盛顿特区的一套别墅里，我们参加了劳伦斯一个老朋友的新年派对。当约翰·肯尼迪任参议员和竞选总统的时候，肯尼迪家族就住在这间宅子里，作为杰奎琳[1]的粉丝，我感到很有趣。

但是，我感应不到杰奎琳，我穿着黑色派对套装，耍着约会的小性子——我和劳伦斯之间的紧张关系已经酝酿好几个月了。劳伦斯当时住在华盛顿，是个白宫见习生（这是一份颇具声望的实习工作，为期一年，基本上是个啥都不用干，只负责见人的活儿）。每到周末我会去看他。他要我搬去和他同住，但是我们还没订婚，况且杰弗里和我的大都会资本公司才刚刚起步。我不认为放弃我的事业去做劳伦斯的跟班，继而希望我们能够订婚是个正确的决定。我对我的期望一向很敏感，但是我越来越生气，最终我意识到这只能使事情变得更糟。没有他我会心碎。但是，不知道这段感情会走向何处也同样令人心碎。所以简而言之，我给了他最后通牒，既简单又清楚：我们要么60天之内订婚，要么就分手，这段关系变得太难了。

我可能夸大了一点，但是大致就是这么个意思。

劳伦斯不相信地问道："所以你现在告诉我，我们如果60天之内不订婚，我们就完了？"

我毫不犹豫地回答道："是的，就是这样。"

然而，我并没真正地认识到，我正在冒一个很大的险，

---

[1] 杰奎琳·李·鲍维尔·肯尼迪·奥纳西斯（Jacqueline Lee Bouvier Kennedy Onassis），1929—1994，美国第35任总统约翰·肯尼迪的妻子，1961年至1963年间美国的第一夫人。——编者注

因为要么他向我求婚，我们在一起（回报），要么他没这个打算，这种情况下我要知道他的真实想法。我爱他，但我不会无休止地等待（失去的风险）。我不觉得最后通牒会让他离开我；我真的只是觉得他被难住了。当然，我仍然很担心。我还记得我老是做着他迫不及待向我求婚、求我嫁给他的梦。好吧，这情况没有发生。现实生活和我的白日梦恰恰相反，劳伦斯拥有好多特点，但是令人失望的是，浪漫不是其中之一。正如他所说，这可不是照菜单点菜。

我越等越着急，我建议我们去做婚姻咨询，他很有风度地同意了。我们第一次去的时候，治疗师问："你们为什么会来？"我就告诉了她那个最后通牒。

她回答道："你的意思是如果你结了婚，在今后的生活中，只要他举棋不定的时候，你就要给他下最后通牒？"

"好吧，"我想了一下，"如果他有足够的时间和信息来做出决定，但是仍然优柔寡断的话，那么是的，我会给他最后通牒。"

劳伦斯——我现在的丈夫——一听这话，便附和道："这对我来说够好了，我们走吧。"

他太务实了。

不久之后，我们订婚了。那天是我生日，纽约冬天的一个星期四，我们去饭店吃了早饭。生日是我一年之中可以吃甜点的一天，准确来讲，全年也只有那么一天。我点了巧克力烙饼。无论我有多焦虑，我都要把它一口不剩地吃完。当他安排了豪车接我们去饭店时，我想起了一件事情。那天是最后通牒过期前，我们在同一个城市的最后一天，是60天中的第58天。

我们聊了几分钟，劳伦斯说："我很紧张，因为我要向你求婚。"他拿出了戒指。我讨厌那个戒指，但是我什么都没说。他看见我的表情时大笑起来，说道："别担心，这个是假的，我从商品目录里挑了它。正式的戒指你可以随便买你喜欢的。"他一直都说自己不浪漫，但是对于一个犹太女孩来说，这就是浪漫。

劳伦斯说，除非我逼他，否则他永远不会做出决定。他是一个开车不打转向灯的人，因为他不想放弃任何选择。

三、组建家庭

永远没有恰好的、理想的、合适的时间要一个孩子（或者做其他好多使得生活工作有意义的事情）。风险永远摆在那里——你的健康，宝宝的健康，你的职业以及你与你丈夫的关系。总是会出现一些我们不能事先计划、管理和控制的难题，突发情况和全新的生活方式。

宝宝是令人快乐的，被祝福的礼物；但怀孕和带小孩是件最最最最（此处省略N个最）烦心的事情。我们唯一能确定的是，事情永远不会按照你计划的方向走，没有事情是像表面看到的那样。

我认识的很多女性，在关于怀孕的最佳时间上，考虑过各种可能的状况。比如，"我要在做到副总裁后再怀孕"，又或是"我不想在八月份顶着九个月大的肚子，那会非常难受"，甚至还有"我讨厌夏天的孕妇服，所以在春天生产的话，我就可以完全避开那个季节"。

如果你试图等待最佳时机，你最后可能会发现你怀不上了。在你决定推迟怀孕之前，仔细考虑等待的风险。想象一下，有一个医生告诉你，你无法自然受孕，然后对比那些推迟怀孕的理由，衡量你的反应。

对于大多数女人而言，做分析的另外一面就是，在30岁左右生孩子的风险可能会使爬到管理层的机会变得渺茫。时至今日，我还在想，如果我早点怀孕，我可能不需要助产诊所就能怀上孩子。不孕不育太令人压抑了，就像坐过山车，对结果无法预判，当然也更难和你的时间计划合拍。

在我的例子里，我的工作压力是有影响的。说起来很尴尬，但却是真的。在我们非常失望的时候，出于好奇和好玩的心态，劳伦斯画了个我每月排卵和股市走势的整合图表。我们惊奇地发现股市的波动与我的排卵周期波动吻合。对于未知风险，这意味着什么？

我想告诉你的是，不管我们愿不愿意承认，我们无时无刻不在冒险。风险本身不是一件坏事。女人不该因害羞而远离风险；我们要深思熟虑，押对宝。我们要确保冒险的时候睁大眼睛。你不去考虑一个情况的利弊，不代表它不会发生。我们不能无休止地等待，直到每件事情都感觉无风险了、安全了。

没有风险就没有回报。就是这么简单。

第5章
找到你内心的决策者

如果可以的话,养成在小事上尽快做决定的习惯。对于罕见的大事——如猪猡湾事件——遵循罗宾的建议:执行你的计划,竖起你的触角,静静地等待,直到最后一刻,得到最新信息,再发出指令,正式实施你的决定。

通常，理财专家会告诫他们的客户，情绪无疑是某一种风险——有市场的风险（股票走强或走弱）、利率的风险（你的债权投资跟不上通货膨胀），还有情绪风险（你总是在慌乱中卖出，在最高点买入）。作为一个投资者，我知道我不能控制股票市场，但可以控制我的情绪。所以为什么不把这个风险变数在我做决定时移除呢？

在我做决定的过程中，这并不是我唯一要改进的地方。还有其他的一些方面，如果我在每一方面都做得好一点，我的生活也会变得更美好。对于女人而言，关于抉择，首先且最难的改变，就是要学会区分抉择和调研。

抉择V.S.调研

我们所有人每天都需要做决定，有大的，有小的。大多数决定是无足轻重的。特别对于女人而言，学会如何自信地做出更好的决定，可以改变每件事情：

更好的处理=更好的决定

更好的决定=更好的结果

在面对重大决定的时候，我们无须做一些自以为新颖的无用功。我们需要一张路线图来指路。

你有没有发现自己曾经处于这样的境地：你在一家鞋

店，犹豫不决要买哪一双黑色高跟鞋，接着，你向店中的其他你根本不认识的顾客寻求意见？

然后，当你做决定的时候，你会心怀感激地把他们的意见加入考虑范围，哪怕你觉得没有理由去这么做。并且你还可能注意到，那些你征询过意见的人大多会"鼓励"你买鞋，他们总会说一些你和这个鞋子有多配之类的恭维话。

你是不是经历过这种事情？我们喜欢那种恭维其他女人的感觉，那能让她们感觉良好，也使我们感觉甚好。想象一下，一个男人从试衣间走出来，走向两个陌生男人并询问他们"这条办公室穿的裤子我能穿到聚会上去吗"是不是很搞笑？

我曾经试着向百货店里面的男人们学习果断。这实在是太轻松了。我记得不久前我去Saks买一双工作穿的黑色高跟鞋和一双晚宴鞋。我试了三四双，然后说："我要这双，还有那双。"

那个店员相当惊讶，说："这就完了，你想好了？"

是的，我决定了，就这么简单。我只是不想给自己过多的思考空间。难道仔细地检查、对比每双鞋的细枝末节，就一定会改变结果吗？最终，这真的有关系吗？这也让我们认识到，这个星球的未来根本不取决于每一个抉择。

数据收集不等于抉择

太多女性认为做调研就是在做决定，其过程有点类似于达成共识，但这也不是我所喜欢的。当你调研每个人的时候，一些影响因素在起作用：你可能想听取每个人的意见，想"整个大众"都给出答复。你可能会觉得这样一来你的担子会轻一些。

通过搜集大量的"调研数据"，你大概希望被调查者中的某人能给你一个神奇的答案，这个答案清楚明了地点明了怎么做最正确。

这是不可能发生的事。在刚听到的短时间内，你或许会认为那个答案很神奇，但是当晚上几杯酒下肚后，或是深夜里和你朋友或是另一半交谈后，你可能会得到一个完全相反的神奇的答案。别再奢望能够轻易做出牵涉复杂问题的决定，这真的不可能。但如果问题不复杂，又何必做民意调查呢？有些调查结果反正对你并不重要。如果你老是问他们的意见，但又不去执行民意，这只会激怒他们罢了。

做出决定，并实行它。如果你还不是官方权威的话，那就保留你的建议。如果事情在你工作权限内的话，不妨考虑多做决定；在这个过程中你会看见你的学习进度。

有意识地去发展一个对你有效，并可以重复使用的方法。它会帮你渡过一些难关。它会使你变得自信。它会迫使你更果断地处事，但比你想象的要容易得多。

记住，赌注越大，决策过程就越重要。你所做选择的质量和效率都将受它影响。事实上，我坚信这个过程本身就很有帮助。

六个步骤做出更佳决策

以下是我做决策的规划，也可称为习惯或规则，它曾成功地帮我冷静分析和解决了很多问题：

剖析问题。

弄清你的情绪，把它们排除在外。

知道你有几种选择；问问题。

选择51%的解决方案，懂得中庸之道。

辨别出哪些事要马上做决定，哪些不必。

减少你的损失。

当然，你不一定要遵循我的方法，但是你必须制定一套你自己的方法。下面我来仔细说明以上六点。

1. 剖析问题

你必须清楚地对问题有个定义。排除外界一切干扰看清问题、判断问题的因素。这些干扰通常是你的情绪、担忧、期望以及恐惧，而不是问题本身。

你必须认识到你什么时候情绪激动。更确切地说，你必须要清楚这些情绪是什么，它们会如何混淆你正在处理的问题。这些情绪会妨碍你看清你真正的目标。要剖析问题，你必须记住你的最终目的是什么。你是想要得到一个道歉，还是有更大或是其他不同的目的?

这是一个熟悉的场景：你和你的另一半正在去参加你好朋友派对的路上。但是，你迟到了，因为你的那位（老公，男朋友，同伴）认为你并不一定要准时出席，或是并不在意，又或是在你出门之前有其他事情要完成。一路上你都非常生气，觉得愤愤不平，想着你要指出他哪里做错了，把不满发泄出去，而他将会对自己的所作所为感到愧疚，并请求你的原谅。

事情是不是这样发展的呢？不是。（注：如果这不是你熟悉的场景，请换一个。）如果老是习惯于对抗和争吵，就会忽略真正的目的，也就忽略了真正的问题。

现在情况是你迟到了，你发怒了。自然反应就是在车里掐上一架，但是在SUV里上演一场《灵欲春宵》[1]对最终你能在派对上玩得开心能有什么帮助？

掐架没用。但是如果你压下你的怒火，不按照你的直觉做事，也许会有其他收获：来自你的另一半和你好朋友的善意和情感。如果你大呼小叫地走进你朋友的派对，你很难收获到这些。

我还得出了一个结论，那就是，有时劳伦斯想要吵上一

---

[1] 1966年美国电影 Who's Afraid of Virginia Woolf，片名由三只小猪的故事 Who's Afraid of the Big Bad Wolf 以及著名英国女作家 Virginia Woolf 综合而来。影片讲述在酒醉后的午夜，四个人（两对夫妇）互揭伤疤的故事。两小时内，充斥着争吵、讽刺、咒骂，甚至暴力。——编者注

架（我有时也那么想）。结果很可能是他拐弯抹角地将争吵扩大升级，把这个作为他最终不出门的借口，而不是我得到我所期望的道歉。

稍加思考情况就会变得有所不同。如果目的是玩得开心点，那么请卸下离开、感觉迟到、不确定他是否愿意去、平息风波等所带来的压力。这个看上去似乎是我允许他这种消极攻击的行为，但我也认识到或许是我要求得太多了。所以我试图把大局记在心里。以下这条是我就婚姻和养育孩子问题上的准则之一："找到自己的位置"——每件事不可能都是焦点，必须把注意力放在那些我无法忽视的事情上。

在办公室，明确大方针可以避免无休止的讨论、相互责怪、信息收集以及不必要的花费。我意识到我花了大量时间为我工作中的一些小事而感到困扰和生气。我经常被一些琐事轰炸，不是报账申请就是电汇指令，又或是要我签署一些小得不能再小的有关交易策略的决定，例如，用哪个经纪人来执行交易。我的最终目的是能够把精力放在业务的大局部分。我知道我周围都是些聪明人，但是他们似乎需要不断的、手把手的指导。

但是我错了。我创造的这个机制是出于一个错误的初衷——实现我的控制欲和存在感。我从没放权给他们去做一些他们力所能及的决定。我意识到这种程度的监督对他们来说并不那么有趣，或许还会给他们一种不被信任的感觉，虽然事实并不是那样。我打定主意了。我知道我必须放权。这对我、对他们都好。

我列了一个清单，有哪些事是费时费力的，哪些事是我需要继续经手的，又有哪些事是我可以放手的。我不想而且不能亲自授权电汇指令，但我必须亲自过目每一笔流出公司的重大款项，其他好多事情则不必向我汇报。与其陷入瓶颈，我不如把精力放在更重要的决策上。我学会了这个道理：

如果决策不重要的话，不要花太多精力。

◆ 你有多少时间来找出解决方法？截止日期是什么时候？如果不是关键性决策的话，快速找到解决方法就可以缓解很多压力和困惑（就像决定窗饰、标识和现有的办公室章程，这样负担和压力就小了）。

◆ 你对结果的底线是什么？它会不会变？还是不可动摇的？

你是否十分清楚你所做出的决定？你能否用一句话来说清楚？这是一个很好的练习，用来检测你的目的和手上的实质问题。

2. 弄清你的情绪，把它们排除在外

发脾气对局面没有任何帮助，同样，太情绪化也无益于做出好的决策。绝对不会有帮助。永远不会。

2007年中，两位财经频道的制片人，苏珊·克拉克尔和玛丽·杜菲打电话给我，问我是否愿意加入财经频道的《快钱》节目。她们曾在《交易员月刊》上看到过我的一篇文章，题目是"华尔街女性"。当时，我已经感觉有点力不从心了。

我和劳伦斯有两对双胞胎，杰克和露西，当年10岁，以及凯特和威廉，当年6岁。我老公经营着自己的投资公司，参与中端市场的收购，因此，他每周工作60小时。他实际操作能力很强，经常负责检查孩子们的作业、安排度假、料理家务，这使得他也有点应付不过来了。我负责安排孩子们每天晚上上床睡觉、付账单、给孩子们购置衣物、安排儿童聚会，但我从不下厨。我们的管家每天早上把他们送出门，而我那时通常在健身。我尽量保证每天晚上在他们上床之前回来——大概80%到90%的时间里，我做到了。

小一点的双胞胎仍然希望我们能陪他们睡几分钟，所以我们就这样做了，而且我们也非常喜欢那些安静的聊天时光。哪怕在睡觉前我们都在一起好几个小时了，那些时光也是最珍贵的。那一刻，我不再大声地指挥着他们去刷牙和用牙线清洁牙齿；他们会问，他们某个小发明能不能成功，会告诉我们万圣节他们想扮成谁，会猜想他们将来会有几个小孩，诸如此类。在就寝时间过后，我和劳伦斯就会去看看大一点的那对双胞胎有没有什么需要我们帮忙。我们试图让他们遵循就寝时间。有时,我们能有一些私人时间,虽然少得可怜。

我们的生活似乎被排得很满,几乎没有多余的时间。没有属于我的时间,也没有属于他的时间,而属于我们的时间就是每个星期在"约会之夜"的一顿晚餐。当上《快钱》节目这个机会到来时,它就像是压死骆驼的最后一根稻草。

在上这个电视节目几个星期后,我清楚地感觉到我实在无法应付所有事情,劳伦斯跟我来了一句:"有些事得妥协。"当他说这句话的时候,我就知道那是真的。处境已经变得难以维持。我以为我已经是同时处理多项任务的高手。但实际上正相反,我只会把事情搞砸。

举个例子,由于我压力太大了,夜不成眠,睡觉前一小时我都会吃一粒安比恩(安眠药名)。由于试图追求高效率,我会在临睡前迅速赶写几封邮件,心里想着我必须回复几条来减少我收件箱里的未读数量。结果,我发了封令人非常尴尬的邮件给一家我们投资的公司的执行总裁,在邮件中,我把"绿色(green)"写成了"菜鸟(grean)",写错了自己的名字,还删除了我黑莓手机上所有的数据,是的,所有的数据(要是我清醒的话,就是给我十万美元我也不这么干)。我意识到,是时候改变了。

当然,忍住不再药后乱发邮件,这是应该的,也很容易做到。但显然我还需要判明其他几件事。

一开始,我生我老公的气,我认为问题出在他对我不够支持和理解。我把我真正需要的东西解释为让他再多分担些家务:如果他能再勤快点,一切就会变得比较容易,而我也不会觉得那么心力交瘁。

但是,在内心深处,我知道"劳伦斯指出问题"这个行为并不是真正的问题。他实际做的已经超出他应承担的部分了。我不过是下意识地怪罪指出问题的人,就像古代国王会杀掉带来战败消息的信使。我必须更清楚地了解我到底想做什么,然后做出合理的决策来实现它,而睡眠严重不足影响了我的思考能力。

接下来的一个周末,劳伦斯主动承担了照顾孩子的任务,带着他的祝福,我给自己放了一整天的假来调整和思考。我需要界定问题。起初,我认为我老公是问题所在,那只是我的感觉,问题当然不是出在他身上。他并没有请求或者命令我做好事项的优先排序,有所选择,有所舍弃。他那句话的意思是,如果我想继续做节目的话,我必须生活得更有效率。

那句话听上去很冷酷,而且也没有抚平我的情绪,但它是对的。有时我希望他能以对女孩的方式抚慰我,比如说:"哇,你一定压力很大。"但有时,就像上文说的时刻,我正需要他以对待男孩的方式来对我,给我明确的指示,就像"重新安排你健身的时间,在孩子们起床前弄完",因为太多的同情和理解对解决问题没有任何帮助。

所以,在那个安静的周末早晨,我的情绪回归平静,有件事引起了我的注意:我其实很想做这个节目。我尝试想象放弃它的情景,立刻意识到我无法放弃。因为这是一个全新的冒险体验,而我非常享受学习新的本事,认识新的人,接触全新的行业。况且,做节目很有趣,简直可以称之为神奇。当你上电视时,人们看你的眼光也变得和以前不一样了——即使只是有线电视。我的熟人们明显变得更友好了,而那些我只听说过的人(例如,卡尔·伊坎),现如今似乎也认识我了,这非常有趣。所以,问题从"我必须放弃什么"变成了"如何安排我的生活,才能让我做我想做的事?"

摒弃感情因素对我来说至关重要,只有这样我才能看清问题的本质。这个本质既不是迁怒于老公,也不是放弃生活乐趣——比如,观赏现代艺术啊,大半夜和朋友黛娜煲电话粥啊,又或是看一些我不觉得低俗的低俗电视节目,等等。我很喜欢做那些事,真正的问题在于如何腾出时间去体验上电视这个全新经历。

我早该意识到我被情绪和疲劳占了上风。现有的安排已经让人应接不暇,我没必要再去雪上加霜,把过度工作和精疲力竭整天挂在嘴边。我不知道我到底想向谁证明些什么。

奇怪的是,作为一名投资/对冲基金的经理,我并不是不清楚情绪会影响我的表现,我曾花了好多年去识别何时情绪会造成影响，然而直到遇到上次发生的事，我还不能完全看清。

如果你相信情绪反映了事实，是你内心的真实表现，是让你感到自由的直觉，那你就释放出来。相信你的直觉，没问题。但是，你也要知道在做决定和判断的时候，情绪可能是一剂毒药。这一点对于女人来说尤其正确。

面对情绪和感觉时，请仔细思考一下以下几个问题：

◆ 你的直觉反应告诉了你什么（它就在那儿，所以别忽视它）？

◆ 对于决策，你能坚决地肯定或是否定吗？如果你的答案够果断，你就能找出解决方法。

◆ 你能找出妨碍你做决定的某些情绪吗，比方说，责备、内疚、骄傲、恐惧或焦虑？

◆ 你能不能减少情感上的牵扯？只有这样你才能更清楚地思考。

◆ 有什么不带情绪的、实用的解决问题或做出决策的方法？

◆ 你能不能在情绪这一块寻求帮助（向朋友、信任的导师、治疗师）？

3.知道你有几种选择；问问题

一旦你剖析了问题，掌握了你的情绪，接下来就要了解你有几种选择。要记住，我们要做的不仅仅是做出一次好的选择。我们要建立一个范式，帮助我们每次都做出好的选择。我们要写一份指南。

对于我来说，要继续上财经频道节目，以及在白天工作，就不得不弄清楚有什么可供我选择。只有这样才能更好地发挥它的作用，因为我两份工作都不想放弃。所以我问自己如何才能更好地、更有效地利用我的时间。我的时间都花在了哪些事情上？有哪些事情我可以跳过不做？

作为一名投资者，我培养了一个习惯，强迫自己提前一步考虑问题。这个习惯已成为我生活中的第二天性。方式很简单，只需自问："接下来会发生什么？"

如果你在谈一笔交易，你或许该问：如果我们说"不"会怎样？他们继而会给出什么条件？如果最后没谈成会怎样？

尽管做电视节目时我没刻意想过，但现在遇到事情时我会问自己：我能否适应看似非常麻烦的问题？反复实践后，整件事的某些部分会不会变得简单些？

当时，我没想到我会在镜头前越来越轻松自如，也没想到后来我的自信程度足以缩减准备工作——不需要准备好每句要说的话，只需想清楚几个要点就够了。

在实际生活中，我必须在两件事上更有效地利用时间——为上节目化妆和购置服装。化妆和置装，听上去像是美事吧？但不久我就发现，做头发、买化妆品和衣服是占用时间和制造压力的罪魁祸首。我得想办法一次性购买多套服装，还要和服装店建立起关系，这样一来，店里的人熟知我的尺寸和喜好，如果有适合我的（还有镜头的）衣服，他们能打电话通知我。或者如果我看上什么款式，我能备上几件同款异色的。

我还和公司商量，让他们每天派人来我办公室给我做头发和化妆。这是成功的关键。我仍然能在早上健身，在洗完澡后，头发还是湿的情况下扎一个马尾辫。当他们弄妥一切的时候，我还能在我的书桌前办公，我不必提早下班，可以一直待到市场收盘。最后一条至关重要，不然就会影响我白天的正常工作。

我必须不停地问自己：怎么样才能把事情做得更好、更快、更轻松？有些事确实没有轻松的方法，但在做头发和化妆的问题上却有不少捷径。我开始渐入佳境了，看上去能把事情搞定。我的铁人妹妹斯泰西则是这么简化每天挑选上班服装的任务的——她在周日就把一周要穿的衣服都搭配好、摆放好。这样，每天省下来的时间够她多跑1英里了。

尽可能清晰地分辨所有选项是不能省略的一步。我们必须在不带情绪和牢记最终目的的前提下，问清楚我们的选择余地。刚才举的上财经频道节目的例子是关于工作的，下面我要告诉你们，作为一个有着四个孩子的在职妈妈，我如何用同样的技巧兼顾家庭与工作。

和孩子们在一起的时候,我的目标是:让他们真切感受到我爱他们、在乎他们。但有时,这个目标也会遭到时间冲突的冲击。

有一次年度艺术展,二年级的学生们要展出他们的艺术作品。凯特和威廉那时只有6岁,当我告诉他们因为时间冲突我不能参加艺术展的时候,他俩崩溃了。

凯特是一个活泼的孩子。她每天都过得很快乐,没什么可以让她失望。她是个乐观主义者,对待每件事都既兴奋又认真,如果活动通知上写着"家长可以参加",她会确保我们中的一个按时出席。

相反,威廉把什么情绪都放在心里,只偶尔展露一星半点笑容。我知道他很想让我看看他的作品,但他非常善长伪装,表现得似乎根本不在意。

那天原本的行程安排是:《快钱》节目完工后先回家,然后一起开车去学校(我们住在曼哈顿,我的四个孩子在布朗克斯区的里弗代尔上私立学校)。读完行程安排后,我意识到我们根本不可能按时赶到学校。如果再碰上交通堵塞,那就不单单是迟到的问题了。我能想象出,在去学校的路上,我们会多么失望和紧张。

于是,我提议了另一个办法:由保姆带他们先去学校,我可以在展出的下半场赶到那里与他们会合。如果我们在学校的展览会上待到很晚的话,结束后我会带他们去吃冰淇淋。所有人都对这个计划非常满意。

在这次事件中贯穿始终的问题是：我完成了我的目标没有？我有没有让他们感觉到我在乎他们？无论你的情况多么特殊，你都得问这个问题。

面对冲突时，问自己以下问题：

◆ 我要完成什么任务？我如何知道我完成了？

◆ 这件事对谁重要？

◆ 风险有多大？谁承担风险？

◆ 有什么特定的选择？还有什么其他选择？你的同事、孩子或是配偶有什么想法？有时你要换一种思维去发掘更多选择余地。

◆ 要花多少钱？有多复杂？

◆ 以我现有的知识和资源能不能实现它？

◆ 接下来会发生什么——如果我提前一步考虑的话，我会学到什么？

◆ 我会不会做得更好？花多点时间会不会有帮助？我会不会习惯？

4. 学会向灰色投降——选择51%的解决方案

题目中提到了灰色，但我并不是要讲一个关于头发颜色的笑话。事实上，到死我都将强调我是个金发女郎，至少在我十几岁时是。我是在用灰色比喻你做决定的过程。首先，要从了解这个世界开始，它不是你小时候认识的那样黑白分明。问题都是复杂的，你必须承认，在你事业和生活的很多方面，问题和选择都是灰色的。

我们必须对我们所做决定的结果持有现实的预期，决定的每一角度可能都存在有利之处。从晦涩难懂的方程式和等价交换中，很难得到一个清晰的答案。所以我提议：

坦然接受晦涩难懂，把目标放在51%的解决方案上。

所谓51%的解决方案，是指在51%的情况下你觉得可以接受的答案。别指望每一项决定都能有皆大欢喜的结果。否则，做决定就不会是最具有挑战性的事了。

许多女性（当然不是所有女性）所面对的最复杂、最艰难、最有争议、最让人进退两难的抉择之一是：在家带孩子还是重返职场。

这道选择题不但在女性中引起分歧、划分派别，也使许多女性的内心患得患失、矛盾不已。在这里我不为任何一方拉票，这完全是个人选择。不过，就我个人而言，正确答案很简单，我毫不犹豫地选择重回职场。

对于左右为难、不知如何取舍的女性来说，请记住最好的决定并不存在。大多数时候，只有折中方案才会让你觉得你似乎做出了正确的选择——尽管胜出的一方只赢了那么一点点。偶尔感到犹豫不决是你做困难决定过程中的副产品，而不是犯错的证据。

提前做打算，预见这些感觉。当你难以抉择的时候，你就不会因此而迷失方向。

如果你是位全职妈妈，听说前同事正在经手大项目时也许感到痛心疾首，又或者你是位行政主管，因出差而再一次错过了返校节晚会，你会觉得让你的孩子失望了，觉得你是一个不称职的母亲。请记住，类似矛盾很可能会发生，这并不意味着你做了错误决定。

事实上，没什么办法能保证让你做一个"好"母亲。我的朋友珍妮特邀请我参加她孩子的新生儿洗礼仪式。洗礼的主题是：每个人都要和珍妮特分享一条育儿经，或者讲一个小时候你父母对你做过的最糟糕的事。这听上去很麻烦，简直很恐怖，但实际效果却搞笑极了。大家分享的故事当中，有一个值得所有的在职妈妈珍藏。

这个我珍藏了十年的故事来自珍妮特的朋友米兰达。她受邀成为《奥普拉·温弗瑞脱口秀》的嘉宾，在节目里分享了她成长过程中的感受，因为她妈妈是个当时罕见的职业女性（在60年代和70年代早期，大多数妈妈都不工作）。

米兰达录了音，一切都很好，当她得知播出时间的时候，她很激动地告诉了她的母亲，并约好了一起观看。在节目的开场，奥普拉就拿那些女性先驱者大做文章：她们是如何在孩子还小的时候出去工作的；那些宝宝又是怎么被带大的，她们接下来将要分享什么感人的故事。刚听到这里，她母亲就倒吸了一口凉气。

"你说你妈妈出去工作是什么意思？"她母亲出于震惊脱口而出，"我为了带你，辞职在家待了七年啊！"米兰达的记忆竟会完全不同，真是个小没良心的。

作为一个在职妈妈，我觉得这个故事很搞笑。如果你是一个全职妈妈的话，可能就不觉得那么好笑了。这里，我不再多讲妈妈和孩子对事情记忆的差别。我们可以努力做到最好，但是我们的孩子会在长大后记得我们没注意到的一些缺点。

尝试用下列方法做出一个51%的决定：

◆ 列出所有的好处和坏处，然后大声问自己，再大声地回答，如果你赞成或是反对这项决定会怎么样。

◆ 问问自己能不能接受这项决定。重新看看你的选择余地，多问问题使这项决定变得更清晰，有更多选择，从而使解决方法更有效，哪怕是提高1%的成功率。

◆ 假装你做出选择已经有一个星期了（或是一天，视期限而定），看看这个决定恰不恰当。反过来再做一次。你不必告诉别人你的决定。在那段假设期间内，这个决定只属于你。

5. 辨别出哪些事要马上做决定，哪些不必

我试图学点有价值的东西。1999年，我参加了我最小的妹妹斯泰西的毕业典礼。鲍勃·罗宾是演讲嘉宾，他是高盛的前主席，是克林顿总统时期的财政部秘书。老实说，我喜欢好的毕业演说。我总是能从中学到点东西，无论是一句至理名言，还是俏皮话，又或是将伴随我一生的经验教训。如果我能带走其中一样，我将会觉得受益匪浅。

那天，鲍勃·罗宾谈论了他的事业。说实话，那天并不适合谈论这些。大多数非华尔街人士可能会对演讲者的这一决定感到失望。那天既炎热又潮湿，是的，我们在费城。更要命的是，我们全家都在那里，这可够我喝一壶的了。可这些都比不上成千上万的亲友团成员，坐在滚烫的富兰克林球场的金属看台上（以纪念平庸的常青藤联盟橄榄球），寻找那顶他们为之而来的镶着黑色宝石的学士帽来得重要。

那天是我可以放松休息的日子。我们的证券投资组合在1998年的骚乱过后反弹得不错。经济渐渐复苏，就业率趋于稳定，千年虫似乎变成了当时最具威胁的问题（没错，这类问题都是我所关心的）。

自然而然的，罗宾的故事深深地吸引着我。这种感觉就像是五体投地拜倒在金融界高人的西装裤下，至于他对你有没有启发已变得不再重要。我一直等待着某句金玉良言，终

于，他说出口了。这句话很有深度，我认为大多数听众都没弄明白。他说的话是：

> 当你在做一项重大决定的时候，尽可能久地等待，直到做出决定。

虽然这不是什么惊天地、泣鬼神的话，却使我恍然大悟。他接着解释了推迟的原因。因为在等待期间，你有可能得到进一步的消息，从而在你做决定的时候，你的思路会更清晰。

这不是拖延，也不是犹豫不决。这是有意为之的策略，用来准备、计划以及弄清什么时候、做什么样的决定。哇，多么简单的道理。这个最简单的事实深深地引起了我的共鸣。就像是你一直知道它的存在，但是却从来没有意识到。

罗宾的推迟方案可能和我们的直觉正好相反，也可能不是你同事和老板所希望的，但是，这给了罗宾一个非常明确的道路。当一个重大的决定来临的时候，他能做好充分的准备。

直到今天，我仍牢记那个演讲的教益。我知道我可以说："到时候再吵（或是讨论）。"换成法官的术语就是"案件择日再审"，意思是今天我们不用把问题解决。把事情留到以后的某天、某月或某年，也许是成熟、明智的选择。不做不成熟的决定本身就是成熟的表现。

如果你匆忙抓住空出来的一点时间，试图做出一长串决定，通常意味着最后几个定论会下得非常草率，类似"让我们各让一步"或是"我太累了，不想和你争"等。这种结论对谁都没有帮助，是企业和重要关系中最要不得的。在应当做决定的事情上实行缓兵之计并不是解决办法，因为你经常会由此失去一些选择权（我们国家在这方面被打了一记重重的耳光）。但是，在无须马上做决定的事情上，拖延推迟不失为一个好办法。

我记得我曾经犹豫不决，是不是该多雇些员工。基金正在成长，必要的会计和后勤部门职能的数量也在增加，就这点来说，答案似乎很明确。

问题是，扩充员工同时也意味着我们的办公面积将会变得过于狭小，由此又滋生出一个新的问题：我们的租房合约该怎么办？该怎么去找一个新的办公地点？这个新的问题又引申出一系列问题：我们该签多长的租约？以及更大的问题——我和我的合伙人准备工作多久，是签五年的合约还是十年的？

在面对决策树的时候，我们必须衡量每个分支。我们的确需要外援的支持——那是很容易决定的。我们准备找新的办公地点，尽管在时间上这是个无底洞。但是就公司会经营多久这个问题而言，我们没有办法去准备或是愿意决定，至少在我们的领导下。

由于这个不明确的因素，我们协商了一个中期租约，并附加了一些续约的选项。因为当时市场很火，这个可能比长期租约还要贵（也可能更便宜）。但是我们情愿多付点钱来为今后的选择留有余地。以后我们可以再来讨论想工作多久这个问题。

需要做决定时，不妨问问自己以下问题：

◆ 我能不能现在就做出决定？不管什么时候，是不是越快越好？

◆ 我能不能做一个临时决定，然后等待最后的评估，直到真正的截止日期（就鲍勃·罗宾的理论，到那时，新的信息也逐渐明朗化了）？

◆ 有没有外部强加的截止日期？如果没有的话，你的截止日期是什么时候？

◆ 你能放弃它吗——精神上和感情上？

◆ 不做决定的机会成本是什么？用经济学术语讲，机会成本是指选择一项方案而放弃另一方案所付出的代价。在决策术语中，它是指停滞不前所付出的代价。那么，留着这项决策悬而未决，会给你和你的团队带来多大的压力？你会不会就此错失一些机会？比如说，你碰见了一个非常有意思的人想加入你的公司，但是你现在不确定你是否需要这股额外的火力。其他人在这期间能不能雇用她？而你是否会介意？

6. 减少你的损失

这可能是我在投资上和生活上学到的最重要的一课。数不清有多少次，我在这个问题上处理不当，但是你必须记住它。投资者中流行一句谚语："你的第一次损失，是你最好的一次。"它的大概意思就是起初损失一点点，可能是你所能做的最成功的交易。

让我们再来看一下联合航空这笔交易。联合航空的那笔交易谈崩后，股票从280美金下跌到230美金一股。我们损失了好多钱，因为我们对现实做出的反应太慢，交易失败了，我们又太过依赖于希望，直到跌至160美金我们才把股票抛掉。第二个决定才真的让我们赔惨了。

有时，投资并不会朝着你希望或是你认为的方向发展。我发现给自己设定明确的、能促使你抛售股票的一系列触发事件非常有用。在投资前设定好参数，可以除去那些妨碍我做出正确选择的不必要的情绪和自我意识，尤其是在我投资失败，并且赔了钱的时候。

如果以下其中任何一件事情发生，我会选择卖出：（1）我对股票所属公司的管理失去信心，因为他们对我撒谎或是误导我；（2）我对公司管理失去信心，因为他们明显不会处理自己的生意；（3）新的、意想不到的法规阻碍生意的发展；（4）公司的核心竞争力转移到了一个全新的不相关的行业；（5）我因为预期一个特殊事件而买的股票，而如今，这个事件发生了——无论这个事件是否朝着我所希望的方向发展；还有最后的一条（6）我赔了事前限定好的，在任何一项交易中允许赔掉的金额。

我一直在思考如何减少我的损失，不单单在投资上，也在人生的其他方面。比如说，因用错了人而无法成事，或者处在一段错误的恋情中。随着年龄的增长，我逐步拓宽了减少损失的概念。如果我买了票去听歌剧，结果我对它很不感冒，我会选择退场。人生苦短，我再也不会向某种责任感，或是跟风的心理妥协了。

如果你已经做出一项重大决定，选择了中庸，选取了51%的方案，现在突然发现，其实你选的是49%的那个，这种情况下，请允许自己改变主意——但是仅限于在你有足够的时间，并且经过深思熟虑后。

避而不选的风险

我想告诉你的是，你可以从男人身上学到果断。这事不一定有多难。虽然仅仅靠希望并不会让你变得果断，但是你可以用做决定的习惯来使自己变成你所希望的那样。

剖析问题。撇开你的情绪。理清选择的余地。提问题。适应中庸。如果可以的话，养成在小事上尽快做决定的习惯。对于罕见的大事——如猪猡湾事件——遵循罗宾的建议：执行你的计划，竖起你的触角，静静地等待，直到最后一刻，得到最新信息，再发出指令，正式实施你的决定。

实践和培养更好的决策习惯吧，购物时别再向陌生人询问："你觉得我穿这双鞋好不好看？"

第6章
如何正确分析失败

失败在我的字典中并不意味着错误和失望,有时甚至是值得纪念的里程碑。恐惧以及拒绝看到和承担错误会让人没法重新站起来。如果你有韧劲,并从失败中吸取教训,那么失败就像是一段有价值的旅途。

最终你将会胜利。

很多年前，我给母校宾州大学沃顿商学院的一帮毕业生做演讲（我并不是像鲍勃·罗宾那样天生演说家的料，但是区区一个小规模的演讲还是难不倒我的）。我想给他们一些针对现实世界的建议。我想与他们分享一下我曾经渴望了解，而对于现在的我来说再明显不过的道理。几年前，我曾坐在这个礼堂里，暗暗希望台上的演讲者能停止不着边际的夸夸其谈。（顺便提一下，如果你做演讲的话，请务必言简意赅。这是我给演讲者最好的忠告，无论何时何地。）

我预计了几种毕业生们在将来的人生中可能遇到的情况：

他们中的一部分人可能会很成功，虽然我不清楚是谁。

他们中的另一部分人将永远没有人约。他们可能会成为舞会上的美女和帅哥吗？别自欺欺人了。舞会上的帅哥通常都是那些非常成功的人。

每个人都会遭遇失败，无一例外。没有任何东西比这一认知更重要了。失败是不可避免的。我希望我有其他妙语或是有用的东西可以与他们分享，但失败是他们走上社会后唯一能够期望的。

就像我说的那样，每个你认识的成功人士都会把失败、运气和努力当作他们发展过程中的重要因素。然而，我不想承认，太多女性仍然害怕失败。而且，我们通常认为男性不怕。可能男性是真的不怕，也有可能不是，但这并不重要，他们更愿意去尝试。

既然你不能避免失败，你越快学会如何去预期和应对它——无论是真实的还是虚构的——你就会更加幸福和成功。

我们，特别是女性，要提防三类对我们来说破坏性极大的失败：
◆ 对失败的恐惧
◆ 缺乏主动性
◆ 不能成功履行某事——换句话说，就是把事情搞砸——这是最常见的

对失败的恐惧

害怕失败是使人麻痹的陷阱，是对失败的自我应验的预测。你可能看到过类似这样的海报，上面写：

对于你没射出的球，你的错失率是100%。

我知道你心里在想："喂，这都过时了。"但是在某种程度上你明白其中的意思，它给你带来了启发。如果试都不试，我们就必将失败。

一次又一次，在你的教育、事业以及生活中，你将必须下定决心行动起来，去追求一些看似可望而不可即的东西，去迫使自己克服对失败的恐惧。

第一步，也一直是我个人的起点，非常简单：学会去适应恐惧。

但实际情况当然要复杂得多，因为我们的恐惧就像是狡猾的潜伏者。如果你实在不能控制你的恐惧的话，不妨看一下我用来克服害怕失败的技巧。

当我第一次考虑接受财经频道的邀请时，我记得我最担心的是人们会有什么看法。从来没有"严肃的"对冲基金的经理做过类似的事。对冲基金之所以那么吸引人，玩家之所以那么有魅力，一部分原因是他们都沉默寡言。藏得越深就越能激起人们的好奇心。我的同行会如何评价我？难道我要对节目组的人讲"我是一个对冲基金的经理；我要维护人们对对冲基金的神秘感"？这太讽刺了。而且，如果节目失败会怎样？如果我失败会怎样？人们会怎么想？

理智上，我明白他人对我的期望和意见不应该左右我的行为。事实上，我喜欢人们都讨厌的投资，因为我觉得它们通常有最好的风险/收益比值。而令我最开心的是，我的投资计划与其他金融顾问团队不同。但是，说我完全不在乎别人的看法是骗人的。

乔安娜·科尔斯，《大都会》杂志的主编说过："愿意接受意想不到的机会非常重要，要'抓住机会'，不要害怕采取行动，不要害怕做结果难以预料的事情或是不被人们接受的工作。"

我分析了我真实和虚构的恐惧以及风险和收益。如果我因为别人可能会有负面看法而放弃了这次宝贵的机会，那么这事对将来的其他机会意味着什么呢？这是不是意味着由于我已经冒险赔了钱，所以我从此将一味谨慎，只能做一些其他人也在做的事情？如果我犹豫太久，他们把机会给了其他人，我会怎么样？

答案是，这将后患无穷。不论是公司，还是婚姻和友谊，一旦停止发展就会滑向失败。于是，我准备答应这个邀请，把握住这个机会。

一个星期后，我回电接受了这个邀请，经过短暂协商，我把这一消息告诉了我的几个信任的朋友和同事，来听听他们的意见。事实是这样的：他们并没有考虑那么多，除了那短暂的一秒。一些人认为这很好，一个持反对态度，还有一个非常赞赏我这种行为，觉得我能去尝试新的、未知的事物非常勇敢，让她也想去做一些新的不寻常的事。

尽管我希望给别人留下好的印象，但我不能让这成为主导因素。我越成熟，就越不在乎这个。当你考虑你生活中的恐惧和机会时，你要牢记这个真实世界的教训：

> 不要等到对失败的恐惧自行消失，要勇往直前，就当它不存在。

让这个生动的画面刻在你的脑海里：当你回想起你高中时的尴尬记忆，你会觉得厌烦。但请放宽心，没人会比你记得更清楚，其他人都忙着烦恼自己的记忆。在我刚当上《快钱》栏目的专家时，我真觉得自己搞不定，需要其他人的反馈来看看自己干得怎样。在这个过程中，我收到了一些意见，但更多的是安慰。因此，为了得到更多的评价，我开始去互联网上搜索。在我上电视后的整整一个月，我浏览了雅虎财经和其他一些财经网站，我找到了许多对我在节目中形象的批评言论。我迅速发现公众根本不喜欢我，我的表现总的来说就是一场灾难。

那些观众评论可谓"丰富多彩"，在此我仅节选几条：

"我刚刚搞明白卡伦·费尔曼长得像谁了，她就像是玛吉·辛普森双胞胎姐妹中的一个。她一瞪眼能把厨房墙壁上的油渍都吓得掉下来！"

"是不是只有我一个人这么觉得，她的声音能把你吓死？！"

"她的人格特质就跟一个门把手似的。"

"快下节目吧，你太丢人了。"

这些仅仅是一些适合被印刷出来的言论。这些攻击刺伤了我。我记得我告诉了当时的主持人迪伦·拉蒂根："他们不喜欢我，我该怎么办？"他给了我一个很棒的建议："绝不要去读他们在网上对你的议论。只有那些疯子才有时间去写,他们总是看谁都不顺眼。正常人不管喜欢你还是对你不感冒,都不会有这个闲工夫。"

这是一堂很有益的课。再分享一句话:

> 其他人怎么说我都不关我的事。——迈克·J·福克斯

遭遇恐惧时,你该怎么做:
- ◆ 明确你的恐惧,你才能看到它,并推开它。
- ◆ 问问自己,你到底听谁的。你是否明确自己到底要什么,或者在你寻求建议的时候,你需要搞清楚这点,因为忽略这些意见可能让你过得更好。
- ◆ 考虑一下你是否担心自己"看上去"怎样,或担心自己能完成些什么。
- ◆ 用风险/回报公式来考虑事情。你想要的回报中有没有不对称风险,或者这个风险在全局考虑中是否重要。
- ◆ 使劲想想如果成功了你会是什么感觉,如果没去尝试你又有什么感觉。练习把恐惧推开而不是等着它自己消失。

行事不够积极主动

有时机会会眷顾你,但大多数时候不是这样的。如果我们等待机会,机会可能永远都不会来,或者不会以我们期望

的方式到来。谈到行事不够积极主动，不能挺身而出，我是指类似下列这些事情：

◆ 总等着被人问到

◆ 老是躲在后面，不敢站出来；低估自己的能力和你真正希望的东西

◆ 在行动前，总要等待一个你觉得有把握的机会，甚至在你的能力已远远超过要求的时候

行事不够积极主动的结果比你想象得更糟糕，其风险不仅是流失机会，还包括你放弃了本应属于你的机会和影响力。这会影响你的职业、你的生活（比方说爱情）、你的自信和你的心理健康。

我可以用好几页的统计数据来说明这个东西是怎么影响你的，但还是讲两个关于没有主动出击的例子吧，例子要比数据生动些。

在传媒和政治的世界里，数据解释一切：几年前，有一个关于在半年内出现在华盛顿邮报上的654篇专栏文章的分析，分析发现，575篇发表的文章是由男人写的，女人只写了79篇。多么大的差距啊。

但更令人震惊的是：不光是发表，男性也比女性投稿次数更多，大概是九比一的比例。与男人从事相同的行业，作

为一个女人，一个专业人士，你想说的东西难道只有男人的九分之一？或者只有九分之一的女人有话可说？正是这项观察促使国家成立了专栏项目，以获得更多来自女性的不同的声音，更多公众话题的观点。

在另外一个竞技舞台——高中时，我将大把时光投入竞争激烈的网球世界，少男少女们不仅仅为了最高的竞技水平而训练，还为了赢得胜利——同样有着一个令人吃惊的发现。

莎伦·米尔斯和乔安娜·斯特罗布在《两性相处》一书中讲了这么一个故事：

> 自2006年起，美国网球公开赛允许选手们有限次数地质疑裁判的判罚，这要感谢视频重播技术。当一个选手质疑一次判罚时，有30%的视频证明选手是正确的。不管是男选手还是女选手，几率都是一样的。因此，所有的选手都应该更积极地去质疑判罚：他们有30%的机会来扳回一分，否则它就这样损失掉了。你肯定会认为每个选手都会利用这个权利来质疑。但女性运动员面对职业生涯里面最重要的比赛之一，质疑判罚的次数只有男运动员的三分之一。

妇女领导专家塔拉·索菲亚·莫尔被这个现象所吸引，她在她的《明智生活》博客中，就这一现象向读者做出了解释：

就连这么小的一件和得分紧密相关的事她们都没去做——极有可能会大大改变女性职业道路的几件"容易"事儿中的一件。

美国网球公开赛的男选手们总共质疑了73次判罚,女选手们只质疑了28次。有可能她们默认那些权威人物,即裁判们,一定是正确的。有可能她们怀疑裁判误判了,但是那一闪念的顾虑被自我怀疑给压住了。有可能她们觉得质疑判罚会给人粗鲁傲慢的印象,她们自作聪明地以质疑判罚不会给她们带来好处为借口。有可能她们害怕挑战权威,害怕在公众面前出丑。我们不知道她们为什么不去质疑,但是我们多少还是能感觉得到她们不这么做的理由。我们都曾有过类似的经历。

对于塔拉·莫尔和我们所有人,这引出了一个问题:"当我知道三分之二的时候我们会无功而返时,我还愿不愿意公开挑战权威,挑战现状?"

我们能改变女性不如男性愿意挑战现状的现实吗?怎样你才能开始更频繁、更自然、更自由地质疑判罚?有些时候,我们的挑战是徒劳的,它们不会被听取,不会被采纳。而有些时候,就像在美国网球公开赛上那样,我们的挑战能够使那些重要的事情发生逆转。

一次又一次，我们看见女性总是放走机会，其实她们可以变得有影响力，起重要作用，甚至获取胜利。作为女性，我们应该把自己看成是领导者、影响力的中介，并且为自己行动。我又回到了这个重要的观点，因为它值得重复——即使已经准备充分了，女性还是会觉得自己是在假装，因为绝大多数女性永远也不会觉得她们准备好了。

作为女性，我们要记住，你不能让不够主动变成风险，最后酿成真正的失败。

如何主动争取机会：

◆ 审视一下这周，这个月和本年度之内你不曾为自己争取的情况。想一个办法使你能够加把劲，把话说出口。

◆ 对工作中出现的机会保持关注，并下决心为一个这样的机会而举手。

◆ 想想你擅长的或者专攻的一个商业领域，这样一来，你就会主动地把自己变成一个人人都想打交道的人。

没能成功实施

第三种失败是我们通常都能想到的。当你真的把事情搞得一团糟的时候，这种最平常的失败也会具有毁灭性。但是这种感受得到的，通常公开的失败是可以战胜的。我们能把失败变成好事，并且有所收获。我所说的失败包括以下几种：

◆ 没有第一时间就去花工夫做对一件事
◆ 不能出色完成一项工作或扮演一个新的角色（但随着时间会慢慢改善）
◆ 当你或者权威人士觉得你应该能够搞定的时候，你失去了或没争取到一个主要客户或一笔重大交易
◆ 没有遵守诺言或承诺
◆ 在重要时刻没有出现——不论应亲自到场或是以其他方式出席
◆ 严重的计算错误——特别是关于重要款项、生命，与公司处于生死关头时

无论在哪个时间点，你处在任务失败的哪个阶段，我希望通过质朴地坦白我的经历和获得的经验，给你带来一些帮助。如果你能从中获得一点启迪，当危机来临时，你就能够化险为夷。

下金蛋的鹅和冰山

我失败的故事可比喻为"一只下金蛋的鹅和冰山"，它发生在我的公司——大都会资本，大约是在1998年6月。

顺风顺水地过了好几年后，我们进入了充满冒险和高期望的1998年。在那年的前六个月里，杰弗里和我已经谈妥

了一笔我们认为很棒的交易——在合作的第六个年头，我俩打算以大概8000万美元的价格卖掉我们公司的一半股份。我会得到2500万美元的预付款，并继续打理今后的生意，我觉得在今后几年，我能把这些生意做得更大。另外，它让我感觉我是一个女王，戴着一顶想象的皇冠，似乎在向全世界宣告："我做到了。"而它的背面写着："我几乎可以买任何我想要的东西！"

我们谈成交易似乎对双方都是最好的结果，是个双赢。我们必须掌握住客户和投资，这样我们才可以继续成长，不至于被别的大公司吞并。我们的买家可以直接迈入这个行当，而不需要靠自己白手起家。在我们的冒险旅程中，大都会资本就是一只会下金蛋的鹅，我希望他们也能如此幸运。最重要的是，如果继续发展的话，我们还有很大的上升空间。

那时我33岁，准备把公司做大，对我和杰弗里所做出的成绩感到相当满意。我把我的钱在我的脑子里数了一遍又一遍，在便条簿上乱写乱画，就像一个十几岁的追星少女幻想嫁给贾斯汀·比伯，在纸上胡乱写着"贾斯汀·比伯太太"。

但是灾难片的音乐正从画面外响起。就在交易完成的一天前，它黄掉了，部分原因是我们在前一个月的糟糕表现，还因为下家买方的神经过敏。

有可能他们感受到了地表下的强烈颤抖，虽然他们的耳朵听不见。金融界的困难正在酝酿，一些事情正在发生着变化,但是我们当时并不知道。

尽管我们对交易失败感到非常失望,但是我安慰自己,我们有一个非常有价值的公司,有可能——仅仅是有可能——公司没卖掉反而对我们更好。我觉得我们以后还有机会把公司卖个更好的价钱,或者就这么干下去,每年继续赚更多的钱。

我们那时简直是太"聪明"了,我和我丈夫在纽约买了一个很"土豪"的公寓。我觉得凭着我那笔快要到手的流动资金,或者仅以我们每个月看得见的常规收入,我能够轻松搞定。但是,正如你所料,灾难来临了。

在故事的下半部里,我们撞到了冰山。1998年8月17日,俄罗斯常年的金融混乱终于急转直下,无力偿付其国家债务。世界市场崩溃了,我们的证券投资也跟着倒了。

让我带你进入"泰坦尼克号"。在第一天,一个星期一,我们损失了几百万美元,因为我们每个版块的每支股票都遭到了重创。通常情况下,股票报价间隔是八分之一或四分之一美元(现在的价格间隔是一分),但在那时,却是每档报价好几美元地跌,以至于小数部分已经不重要了,只要看整数部分就行了。

我经历过1987年的崩溃,但这次不同。这次是我掌管,或者至少共同掌管一家公司。我根本没有机会来考虑自己损失了几百万美元。这样的灾难持续了几天,又拖长到几个礼拜。

那些"有顾虑的"投资者打来的电话也并不令人愉快。我记得我收到过一封投资者的来信，他说他想撤资，因为他对我们完全丧失了信心，并且对我们"糟糕的表现，连一秒钟都无法再忍受了"，还说我们投资组合里有很多漏洞。

每次我们的股票有交易，我都几乎不忍去看电脑屏幕，传来的都是坏消息。我讨厌暴力和流血，我们的投资组合把塔兰蒂诺的电影拍成了《小鹿斑比》。每当电话铃声响起，我的胃就抽筋。我害怕又是一个投资者想跳船而去。大多数情况下，我的担心都被证实了。我记得其中一个电话来自我们最大的投资人之一，他当时正在日本。他已经建议了许多大型的日本保险公司投资我们。在电话里，他说道："听着，我想给你提个醒。他们都要离开了，所有人。"我客气地谢了谢他，但心里都快吐血了。

就在我们眼前，我们的投资组合支离破碎了，生意也土崩瓦解。由于资产严重缩水，我们面临着不可避免的、带有波动性的赎回。当投资者看到投资组合有如此大规模的损失时，他们会想要撤资。为了把钱还给他们，我们会以任何价格卖掉我们的投资，不管其真实价值是多少。在接下来的一周，我们的分析员要么不干了，要么被那些闻到血腥味的公司给撬走了。一些真正的朋友打来电话，说了些我们肯定能迅速重整旗鼓之类的鼓励话。其他的一些狐朋狗友，打来问损失到底有多大，好拿来八卦一番，或者更过分，去做超前交易——也就是卖掉我们所持股的股票，因为他们认定我们肯定会为了填补撤资需求而卖掉它们。

在这个过程中，有一个我永远都不会忘记的、真正的忠诚的投资者。作为对冲基金行业的一个很大的机构，它的几个合伙人过来和我们一起评估损失，并传达了他们的决定：我们仍然相信你。这等于救了我们一命。直到今天，我仍然很感激他们。

四个月的混乱过去后，损失终于减少了。市场趋于稳定（部分原因是美联储提出降息）。形势开始反转，市场又再次回暖，只有我们的失事船只还陷在海里。我们卖出股票套现了一笔资金，需要用它来满足来自投资者们的年底赎回需求。在对冲基金的世界，投资者一年只能有一次撤资机会（通常会提前90天通知），我们不能陷入没有现金的境地。当市场迅速地反弹时，这是在我们伤口上撒盐。我们会以低于市场表现44%的惊人结果来为这一年画上句号，因为在年前仅剩的几个礼拜中根本没有机会扭转业绩。

因为市场在1998年的上半年回升了很多，那些最大的蓝筹股，像吉列、可口可乐和宝洁等大公司的交易价格增长过高，我们觉得太贵了，所以我们倾向于关注那些规模较小、不为人注意的公司，他们的股价相对比较便宜——其实是相当便宜。但是事情并不像表面看上去那么简单。作为公司的最高领导，我们做了以下几件事情：

◆ 我们的痛苦来源于极度的狂妄自大。直到1998年前，我们几乎从未出错。（有可能我们犯过错，但是市场的力量在我不知情的情况下救了我们。）我们没想到我们可能已经犯了很多投资错误，不仅仅是那些会跟着大盘下跌的股票，还有那些我们错误运用了投资理论的股票。

◆ 我们的对冲（保险）错了。我们建了一个小公司的投资组合（"小盘股"），但是却用"大股本"来对冲保护，但那根本就不管用，因为在荒乱动荡时，金钱总是流向那些高质量、大资本的公司，而逃离小公司。因此，我们的对冲非但没有中和我们的损失，反而让事情变得更糟。我们的小盘股投资受到连续打击，因为这里没有足够的流动性——也就是说，对于那些想要出手的股东来讲，没有买家。而且，想要并且需要出手的最大投资人就是我们自己。血淋淋的教训让我明白了，当你在一个投资上的规模已经大到你自己就是这个市场后，形势会变成什么样（那些吸引我们的小盘股，根本没人对它们感兴趣，而且看起来太廉价了）。如果你想退出，买家手里满手是牌。他们可以漫天叫价，而你除了接受别无选择，无论这些投资的潜在价值有多大。所以尽管我们认为，我们的风险通过投资那么多不同的小盘股股票被分散了，而现实是，我们投资了一大批流动性弱的低价的小公司股票，它们会一起向下跌。

◆ 我们对我们的主要客户不够了解，或者他们不了解我们。我们以为我们的投资人理解并共享我们的投资策略，现在回过头来看，他们中的许多人并不是这样。并非他们害怕了，或是在其他地方看到了更吸引人的机会那么简单。他们根本就不认为我们试图做的东西有价值。我们没法说服任何一个国外投资人留下来和我们并肩作战，所以在年末，他们和许多美国大型机构一起，撤走了所有的资金。

◆ 我们慌了，这点可以理解。因为我们不知道在年末的赎回过后，是否还有投资人会留下来。我们非常担心会没钱来履行债务。那我们肯定会彻底玩完，彻底毁掉名声。在1998年快结束时，我们以绝对低价尽可能地多抛售，然而在年底市场回暖并且大幅上涨时，我们手上持有太多的现金，却没赶上这波行情。

就像这样，六个月之内，我们杀死了这只会下金蛋的鹅——我们的鹅，我们曾不知疲倦地喂养照料并且认为将会永垂不朽的鹅。

哦，那间豪华公寓还压在我头上呢——它的装修费超出预算一倍。我动用了几乎所有的流动资金，因为房产商坚持公寓要百分之百的现金支付，不能按揭贷款。依靠杰弗里的借款，我才获得一丝喘息的空间。

生意受到重创和个人损失所带来的压力使我一蹶不振。

唯一似乎值得安慰的是，我瘦了15磅，因为我被打击得压根儿吃不下饭。

我从一个33岁华尔街报酬最高的女性之一，成为一个完完全全的失败者。我根本不敢照镜子。我的自信、我的傲气、我的自我定位都被摧毁了。我不知道我还能不能东山再起。我失败了，以一种意想不到的壮观、轰动的方式。考虑到我曾经到达的高度，我跌得太重。讽刺的是，这段时间是我婚姻中最好的时刻。只有劳伦斯知道我有多么痛不欲生。我一般不哭，但是好多个晚上，我都在流泪，害怕接下来将要发生的事情。

我本来幻想着我能够随心所欲地消费，现在却损失了上百万自己的钱，而生意上更是损失了几千万。住豪宅的想法开始让我感到郁闷，大规模的翻新才刚开了个头而已。多么讽刺啊，旧物拆除完成的时候，我连一分钱都不想再多花，更别说几百万了。我还觉得自己是个骗子。

在好久之后，我终于能重整思路，总结出一份清单，罗列出我的经验和失误。没错，我已经学会了如何搞砸一宗生意，接下来我需要学习怎么成为一个更好的投资者。

没有比1998年更好的老师了。如果你能从错误中总结经验，你就离正确的方向更进一步了。（最终，我们的公司存活了下来，可是经历了好多年的征程才又重整旗鼓，并超过了我们曾经的最高峰。）

面对失败,该做些什么:

◆ 不要躺在过去的功劳簿上。你能从你的经验中学到东西,但是你不能停止发展。一种情况下管用的,在另外一种情况下不一定行得通,所以你要一直不停地检验并鞭策自己。

◆ 买最好的公司,而不是最便宜的。当你买了最便宜的,你得到一个你感觉的"价值",但很有可能会放弃一些相当重要的东西,比如,市场定位、定价能力、一个好的管理团队,或者是资产负债实力。最终这会让你吃好大的亏。那些我们拥有的"小盘股"股票,其价格便宜是有原因的。对于你要买的重要东西——无论是新的打印机、新的一套刀具,或者是新雇员——选择质量而不是价格。你要选一些有更大价值的东西,最终可能反而会让你省钱。

◆ 承认有时候你由于太过自我,而被蒙蔽双眼,丧失了洞察力。这个观点适用于你生活的方方面面,大到你的整个人生观,小到生活的细枝末节,比如你的小孩穿衣服什么上学。你有没有报考了法学院,读了以后才发现你并不喜欢,不想读了?内心深处你知道这并不适合你。那么,请立即止损。无论你是多么希望,甚至决心要做出努力,但是你真正需要做的就是面对现实,承认你错了,并且从这里走出来。

有趣的是,我发现女性在这方面比男性好太多。研究表明女性是更好的投资者。有一个更加有趣的研究表明,两个女人其实是一个最佳的投资组合，接下来是男女搭配；最差的是两个男人的组合。女人不会像男人那样，明明还有时间补救，却因为自大而害怕承认失败，从而让机会流失。另外，女人在仓位附近交易的较少，因此省了好多费用和贸然投资的损失，而男人往往会觉得自己能捕捉到这个最佳时机。

这些都是重点。为了较小的损失而抛售股票，往往是你能做出的最好交易。纠正错误宜早不宜晚，这能减少损失，反弹更快：几乎每一个输大钱的人一开始都输得不多。

◆ 当你听到管理层的乐观预测时，请保持谨慎。管理层通常由至少一个人组成，比如首席执行官，他们都是相当乐观并善于交际的人。他会（遗憾的是，100个人里至少有95个是男的）对自己的生意和它的前景表现得相当兴奋，而我则会被他说服，相信这是一支牛股。很难遇到这样的团队，他们低调承诺但给你超出预期的结果。这种才是我想投资的对象。但是大多数时候，首席执行官是他公司和股票的超级捍卫者。这条规律套在其他职业的人身上，会是怎么样？你曾为了装修面试过包工头或粉刷匠吗？他们总是会报出符合你要求的价位和时间，以此希望你会把项目包给他们，然后他们会慢慢想办法应付你的失望、超出的时间和费用。如果绝大多数粉刷匠都提出三到四个礼拜的期限，而有一个说他只需十天，那你要小心了。

◆ 如果你的投资者只注重短线成绩，你就千万不要做长线投资。如果他们想撤资了,你不得不放弃操控买入卖出的时机。但你一定不能放弃操控。最好了解你的投资者和客户,让他们也了解你——一开始就擦亮眼睛,保持头脑清醒。你的男朋友是随便玩玩的还是来真的?你是不是一个临时替工,但是你出于害怕改变而选择待在这个位子上。

◆ 清楚地知道你拥有什么,看清那些可能存在的不经意的风险。举个例子,一些公司有隐藏的风险,一般不易察觉。我来挑一个简单的例子。比如,你想投资特百惠公司(Tupperware Brands Corporation)[1],因为你喜欢他们的产品,并且认为在经济萧条的时候,更多的人会选择在家做饭,因此需要特百惠的产品。你要知道,你可能同时还在赌油价不会太高——石油是塑料产品的关键成分——因此制造特百惠产品的成本可能没法控制。还有什么其他意外的东西你也在赌?你能承受那个风险吗?如果男朋友从来都没有责任感,如果全靠你一个在养家糊口,你会感觉舒服吗?

◆ 生意要有足够的投资,以保证它在关键时刻能够成长。投入不足是相当短视的。以前,我不想把钱花在扩大员工上,在需要时也不曾雇佣一个职业经理人,因为我不知道花这个钱到底值不值。我省了钱,但在一些我不擅长的事情上(我讨厌做的事,并且做得很糟),却浪费了好多时间,没能把时间用在刀刃上来发展我的生意。这尽管是个1998年

---

1 塑料保鲜容器厂家,总部在美国,在全球设有数十家分公司。——编者注

之前的教训，但仍然非常重要。

◆ 从每次失败中学到一些东西。失败中蕴藏的危险其实不是失败本身。若你没能从中吸取教训，危险就会延续下去，这是非常糟糕的。我试图重新思考我曾经做过的每一笔糟糕投资。哪里做错了？为什么？在我做决定的过程中是否出错了？有些时候，你能根据当时你所能掌握到的所有信息，做出明智的决定，但有时就是不管用。如果你的投资足够多的话，平均来讲就是会出现这种的情况，但是你要确定你没有忽略你所犯的错误。反过来，有时你运气好，就算你做了错误的决策，就算没有任何理由，馅饼也会砸到你头上。

◆ 不要把你的错误怪到别人头上。我最喜欢我的合伙人杰弗里的一点就是，他总是第一个承担错误、最后一个邀功的人。在令人失望的项目中，承担错误意味着你主动地说："这个季度我完成不了任务了，原因是……然后这是我提出的解决办法。"或是"我弄糟了，搞砸了，现在我会试着解决问题"。承担错误就已经开始解决问题。没有时间来相互指责和表达异议。注意力应该放在如何找出解决方案上。另外，如果你主动承担责任，你会得到公司其他人的尊重。事实上，你就该一肩扛起。这种好口碑会流传好多年，并为你赢得好多支持者。

当初，站在那群沃顿商学院学生面前，我意识到他们知道得那么少，为那些艰难时刻所准备得又那么少。我们可以，也必须通过观察来学习。我们的好奇心可以给我们巨大帮助。但是只有撞几次南墙，我们才知道盲点在何处。

　　如果我们能从失败中走出来，我们就不曾失败，因为我们学到了东西，成长得更加强壮，虽然带着伤疤。

　　失败在我的字典中并不意味着错误和失望，有时甚至是值得纪念的里程碑。恐惧以及拒绝看到和承担错误会让人没法重新站起来。如果你有韧劲，并从失败中吸取教训，那么失败就像是一段有价值的旅途。

　　最终你将会胜利。

第7章
选择最能反弹的道路

当你对抗并且设法应付你的失败时——无论失败有多大——请和善地对待自己,但要行动起来。反弹是一项武术——或许外表动作看似冷静,但是内心激烈斗争,你可以做到,你必须做到。

向前进!这是你唯一能走的道路。

你所惧怕的事情——失败——就这样发生了。你就像上学时某门课的成绩得了个"F"那样震惊。也许你收到任课老师一张红笔写的条子，上面写着："来见我。"你的心一下子沉了下来，眼里蓄满了泪水。

　　现如今你已经是个成年人了，然而又一次尝到了类似的滋味。太疯狂了，太令人震惊了。肾上腺素飞速流过你的静脉，你可以实实在在地感觉到一阵阵冰冷和痛苦。你的脑子停止运转了，你可能觉得自己丧失了一切身心机能。

　　我在33岁时有过这种亲身经历。当时，我们的生意遭受毁灭性打击，就像一个大红的F印在了我的心上——我确信它甚至透过心脏，显现在了我的胸口上。它使我全方位瘫痪，我认为我再也缓不过来了。我完了，我的事业一去不复返了，并且我感觉所有人都意识到了这点。

　　而我的朋友珍妮特，婚姻走到了尽头，十有八九她会成为一个单身妈妈。我还记得那顿痛哭流涕的晚餐。她通常都是个大哭包，但是这次不同。她仅仅半开玩笑地说："好吧，如果只是鲁比（她女儿）、查梅因（保姆）和我的话，我们能挺过来。"

　　当中上阶层犹太女孩想象自己成为单身妈妈时，她们脑中会出现一幅"三人行"的画面：母亲，孩子，还有保姆。那一丝丝的希望和友情是她唯一的救命稻草，当然还有那份幽默感，让她能苦中作乐。保持一份幽默感总能使你的处境变得不那么糟，哪怕那种感觉转瞬即逝。

我的另一个朋友，丽萨"知道"自己徘徊在失业边缘快一年了（在出差申请被驳回的那天，她就产生了一种不祥的预感）——那是一种突然失去所有依靠的恐慌。她事业的性质是致力于改变人们的生活，然而在面对危机时，她对改变自己的生活都失去了信心；她觉得，她也许再也找不到像这份工作这么重要的工作了，甚至很可能找不到任何工作。

成功就建立在这关键的一刻——不是建立在胜利上，也不是势头或是运气上。就在这一刻，你将决定你真正的才能和个性。这并不简单，也别指望它能简单。你要花全部精力行动起来，朝着目标前进。你要运用你的智慧和成熟来耐心等待。回到正轨的路很短，有些事你可以并且必须现在就去做；它又很长，要想通过这段旅程来改变你，治愈你的创伤，需要很长的时间。

现在就行动起来吧。

卷土重来的5个行动步骤

当你失望至极，当你遇到麻烦，以下是我的一些建议：

1. 假装什么都没发生过——带伤重返赛场。
2. 规划你的未来——设定逐步增量的、可实现的目标。
3. 重新调整，重新思考，从重要的事情出发。
4. 重新回顾——得到一个全新的视角和观点。

5.改变——从日常的小事做起，带给你新的开始。

1.假装什么都没发生过——带伤重返赛场

这也许是最重要的一个步骤，因为它排在第一个。这是对失败的反应阶段。这是你对自己说你可以的时候。别给自己的堕落提供空间和机会。你可以自我放纵一段时间——大概一个星期，穿运动裤、不洗澡、哭个稀里哗啦或是猛吃冰激凌——那样就够了。我知道光靠那一个星期，痛苦不会就这么消失掉，但是堕落该到此为止了。一点点哀怨死不了人，你就适可而止吧。接下来该怎么过就怎么过。

你不能被动地等待心情变愉快、心理变强大、变自信的那一天。不管怎样，你必须走出这种状态，为自己塑造一个全新的正常状态。起初，你肯定会感觉不舒服，但那不是重点。我们是女人，天知道一生中我们会假装多少事情？

如果你是团队的主管或领导，更要勇敢面对你的团队。成员们需要看到你并没有崩溃，他们还在指望着你给出指示。如果你还年轻或是地位低些，也要学会在办公室戴个"脸谱"，向人们展示你的优雅和自信，让人们知道你是个有着独立思考能力的成年人，这并非不诚实的表现。你不必立刻弄清回归正轨的途径，但你起码要让别人知道，你没有被打垮。

我和老公过去常常会刻意引导控制孩子们的行为和言

论，那些情景常令我俩忍俊不禁。打个比方，如果他们摔倒了，并且受了伤，有那么一秒钟，他们会看看我们，根据我们的反应估摸伤得要不要紧和接下来他们该如何反应。这种时候，假设出血不多，我们就会说"好了，好了；你没事了"或者"你这个小笨蛋，你真搞笑"或是其他类似的话，听到这些，他们差不多马上就会从地上弹起来。

你的团队和你周遭的人在"跌倒"后也会这样看着你，只不过他们是成年人。我不是让你假装什么事都没发生过，解决问题，但别让自己崩溃。损害管制并不是针对外界的，对自己也行得通。崩溃只适用于灾难和死亡，不适用于失败。你应该对外界保持你最好的风度——"我行，我可以"。

当然，你也不必一直在人前强撑着自己，找一个可以倾诉的知己吧，他／她可以是好友、配偶、治疗师、律师或你的母亲——任何一个站在你这边支持你的人。只要和他／她在一起会让你觉得有安全感，不必再佯装坚强。发泄会给予你新的力量，让你在必要时可以满血重回战场。让知己知道你在假装坚强没有关系，正直的人不会认为你将永远失败，他们会一直陪在你身边。想一想你作为知己是如何对待朋友的，让别人也做一回你的知己。

2.规划你的未来——设定逐步增量的、可实现的目标

即使你每天只有一点点精力去思考和计划，你也应当制

作一张路线图,来引导你找到回去的路。最积极有效的方法是静下心来弄清你身处何处,又该何去何从。

赶快开始这么做。

最初,你可以设定一些小一点的目标,即使并不确定。它们能帮你重拾洞察力和自信。你不能不切实际,因为很多重大失败不是一朝一夕就能复正的。当然,也不是没有可能,但可能性不大。如果你升职或是竞选失败,下一个机会不太可能很快又华丽地出现。

比如,1998年我的公司投资失败,遭到毁灭性重创后,我们的计划就是保住原有的投资者。我们的第一个目标不是扩大规模,也不是把失去的钱赚回来。那是以后的事情了。

把你的计划和目标分成几部分——做成一笔生意,找到一项好的投资,建立一个新的合作伙伴,与人交往,安排面试,花时间去想一想接下来正确的角色和位置,启动一个过渡期的项目,等等。短期可行的目标非常重要,因为更大的、长期的目标可能要花好多年才能实现。

3.重新调整,重新思考,从重要的事情出发

对于重大失败来说,你需要认真审视你生活的方方面面,走出失败的阴影,重新调整你的身份和目标。如果和家人在一起能让你觉得舒服的话,那就这么做吧。

找到你可以聚焦的事物。如果你在过去的10年中立志成

为某部门的经理，而你刚升职失败，你手足无措了。你为之奋斗了好多年，如今却要装作若无其事。但你的人生中肯定还有其他一些很重要的事，只是尚未显现出来。把你的注意力转向那些事——可能是暂时的，也可能是永久的。你现在不必确定时限，你只需找个牢固的东西，紧紧把它抓住，直到狂风暴雨离去，再去评估损失。

对我来说，停止花钱其实就是找回控制感的一种方法。即使我遭受了人生的滑铁卢，并为此交了一大笔学费，但毕竟我还能支配每天的部分支出。我步行去任何地方，我只买打折商品，我不再花时间乱买东西往新公寓里搬。任何曾经能唤起我对金钱的激情的东西，如今我都敬而远之了。即使省下来的这些钱只是九牛一毛，但这种奇怪的方式，真的给了我一些掌控局面的感觉。

4.重新回顾——得到一个全新的视角和观点

这一步可能比较容易实施，因为它很实在。但是它的真正价值只能在将来慢慢体现。失败发生后，花些时间写下你真实的感受，写得越详细，越令人震惊越好。再加一些私密情感来润色，比如，失败的感觉有多糟糕，它伤你有多深，无论是感情上的，还是工作上的失败。（写下来不失为一种发泄方式，但是，这不是我的重点。）

然后，选定将来的一个时间点来重新回顾这份描述，对比一下届时的感觉和你眼下的痛苦。6个月间隔估计足够了。你要给你的失败——以及你的复原能力——以喘息的时间。失败越大,需要时间间隔就越长。

将来,当我的孩子们遇到人生中第一次失败的时候,我准备就用这个方法,希望随着时间的推移,在他们感觉到好多了的时候,他们会相信我的话:"这些终将过去。"

现在回想一下自己的例子,时间曾经如何治愈你的心理创伤?例子可能是你的初恋,你认为没有他你根本活不下去;也可能是你的第一份工作,你知道你糟透了,什么都不会,觉得你再也做不了什么有意义的工作了。

虽然这一步不能马上见效,但是一旦你两样都做了(写作和之后的重读),并见识到效果,下一次你就会知道你的恢复能力有多强。

5.改变——从日常的小事做起,带给你新的开始

无论你能完成到哪步,事情一定会慢慢有所改善。但是,有时你也会感觉被乌云笼罩,一切都失去了颜色。

你必须做些什么,至少稍稍改善一下失败所带来的消颓气氛。哪怕改变只有一点点,也将带来大不相同的效果。事实上,小一些的改变更好,因为现在还不是做重大深远的决定的时候,尤其是那些用来逃避现状的重大决定。我所说的是一些实际的事情,比如,去健身房锻炼身体,买一些新的

床上用品，换一个新的发型（不要马希坎式发型），或是培养一个新爱好。

我第一次萎靡不振的经历还远在1998年惨败之前，发生在我20多岁的时候。杠杆并购的繁荣被打破，股票市场陷入低迷，我所在的那家公司也受到严重波及。（那时，联合航空项目谈崩，我们损失惨重。）我有了一种不好的预感。我感觉公司快倒闭了，我将变成无业游民。华尔街变得不再富有魅力，反而显得很不靠谱。我很担心被踢出那个从小就梦寐以求的行业。

有生以来第一次，面对不确定的未来，我无所适从。我积蓄很少，搬回家住（回加州）将意味着彻底的失败。经证明，在湾区要保持危机感实在太难了。

办公室的工作节奏渐渐慢了下来，大把大把的空余时间使我夜不成眠。我必须要做些什么来打发时间，任何事都行。我想，或许我可以做那件我一直想做的事情，它有时会给我一丝丝的成就感，我可以借此避免掉入失败的深渊。

我决定学画画。（怎么？你还指望我去学跳伞吗？）

我买了一本书，书名叫《用右脑绘画》。书的封面上写着：保证教会任何人画画。我每晚都在勤勤恳恳地看那本书，而我也确实学会画画了。直到今天，当我们去那种提供大杯饮料和蜡笔的饭店吃饭时，我能够用桌上的蜡笔画一些傻傻的图来逗乐我的孩子们（虽然他们已渐渐长大，不再欣赏我这种上不了台面的才能。谢天谢地,我们去那种饭店的次数也少多了)。或许,我该学法语,但是我还是那个观点——找点事做。

大概就在差不多那个时候,我开始健身。这是另外一件简单的,能让我感觉到力所能及的事情。我不能等着好事降临到我头上。整整25年,我一直保持着健身的习惯。

日常活动包罗万象。就像格雷琴·鲁宾(《幸福计划》一书的作者)所发现的那样,如果你早上铺床,你一整天都会心情舒畅(这是真的)。我们的妈妈是对的。

试试看吧。这些是你能做到的,同时在某种程度上你又好好地照顾了自己。

吸取教训——老老实实地总结经验

总会有那么一天,你能承受住回想往事的痛苦。你可以重温事件的经过,而不去引发你的懊悔、羞愧、尴尬或是愤怒。

无论是慢慢来,还是来个全面总结,有一点非常重要,你必须扪心自问到底发生了什么。当我在投资上犯错时,我会回顾以下几条问题:

◆ 是我在决策过程中出了错,还是在某种程度上归咎于平均率?第4章曾提到过,如果你做了足够多的投资、决策或是建议,你会发现它们不是一直都行得通的。但你要始终确保你没有忽略你做错的事情。反过来,有时你会很走运,就算你做了错误的决策，就算没有任何显而易见的理由，馅饼也会砸到你头上。

◆ 你是如何假装对一个潜在的问题视而不见的？这是什么时候发生的事？

◆ 你是不是错过了一场即将到来的环境变迁？可能在商业界，可能是你身边的人，也可能是事情进展的动向？

◆ 你有没有事先预想你要的是什么？下一步又是什么？

◆ 你有没有意识到，某些时候你故意忽略某个问题的存在？

我的重点并不是要你为难自己，也不是想喋喋不休地跟你举出一连串"如果……会怎么样"。我的目的是帮助你认识到什么事是你能掌控的，怎样你才能做得更好。

在这里，吸取教训并不是指拿你的成功或是失败去和别人做比较。它的真正意思是：认清自我，完善自我。虽然犯错是不稳定的表现，但是你从中可以看到哪些陷阱你应该学会去避免。当我看到一个我们没有参与的投资失败时，我会觉得很有成就感。然后对自己说："那是一个菜鸟级的错误。"并为自己那来之不易的经验而感到自豪。

如果我无法从失败或是失望中学到点什么的话，那我就是在浪费时间。如果我可以，那么我会变得更强大、更睿智，会有更多的乐趣。

大都会资本的反弹

大都会资本顾问公司的生意还是要继续做下去的。从个人层面来讲，我希望扭亏为盈，但是就公司层面来说，最重要的是怎么摆脱现状，继续发展下去。

一切尘埃落定之后，我和我的合作伙伴杰弗里，回顾了这场波及甚广、破坏性极大的1998年大衰退，我们知道我们必须东山再起。失败不在我们的考虑范围之内。我们有这样一个说法：一夜变不成白痴。这句话的意思就是说，你可以犯错，事情也可能朝着对你不利的方向发展，但是你总归还是会有一些本事的。当我觉得我犯傻时，我也不会一下子真的变成个傻子。我们有一套实际的本领。我们能东山再起，虽然我的愿望——其实是幻想——能有一个快速的解决方法，在我们评估了损失程度后，这个希望很快就破灭了。

我们失去了一些客户，包括一些花了好多年才拉拢过来的大型机构投资者，而且很有可能我们将永远失去他们了。我们失去了一个团队，还有成百上千万的亏损。整个任务看上去艰巨异常，几乎不可能实现。

第一步要做的就是装。我不得不对着很多人假装，我们迟早会卷土重来，其中包括我、我的员工、那些继续紧随我们的客户以及整个华尔街以外的世界。我们必须向所有人展示，我们的翻身不是能不能的问题，而纯粹是时间的问题

（虽然我都还没能说服自己去相信）。

每天早上，我比以前更早来到办公室，主要就是为了向自己证明，我要比以前更努力、更专心地工作。我们在成功中迷失了方向，现在我们要在失败中把它找回来。

与此同时，我规划了我们的未来。我绘制了每个月所需的盈利增长、投资增长和客户增长的曲线图，直到达到我们原来的状态。这些具体的任务让我心里踏实了不少。我在做一些实质的事情。我在逐项划分，制订计划。我粗略地估计大概要花多少时间，每个月再重新修改那些估算。在某些方面，我很高兴我低估了恢复的时间，因为如果我早知道的话，我可能会被任务压垮。把注意力放在小的、当前要处理的事情上，有益于缓解精神上的压力，也立竿见影。如今，我也把这个方法用在我的大项目上。

然而，现实是逃避不了的。瞬间的东山再起也是不现实的。事实是，我们大大逊色于市场的表现。当其他人盈利颇丰的时候，我们亏损了，损失惨重。我不得不重新划分一下我们的目标。我们必须重新定义成功的含义。

首先，我们必须为那些始终对基金不离不弃的投资者追回损失。如果他们投资了1000万美元在基金里，而我们在投资组合中大概损失了20%，那么我们需要赚回800万的25%，也就是200万，来重新回到1998年年初时的状态。这就是数学上的思考模式。（损失1000万的20%意味着你损失了200万，剩下的基金价值800万，但是你必须赚到800万的25%，才能重新达到1000万。）

这个概念就叫作"新的制高点"。这非常重要，因为作为基金拥有人，我们没有工资——意思是我们不收取任何费用——直到我们在这个制高点的基础上盈利。所以，在我们能够开始重新赚钱之前（不是我们在基金里的私人投资所赚的钱，虽然那也是一大笔），我们必须让所有人再次回到那个制高点。无论我们有多聪明，要再次达到那个制高点，至少也要花好几个月。

直到那个时候，我们才能把注意力集中到公司重建上，让其恢复到那场灾难之前。更确切地说，直到那个时候，我们才能真正开始大力发展新客户和引进新的投资项目。

当我们完成损失评估，转向重建阶段时，我感觉全身充满了力量。至少我们有所进展，而不是倒退。一路走来，很多逆境我们都挺了过来：巨大的损失；对冲出了岔子；面对再创新高的股市，为预防将来大量撤资、坐拥大笔现金而不敢用于投资的痛苦。不幸中的万幸，这可怕的一年总算到头了。

就像《华尔街》片中的宣传语说的那样，"金钱永不眠"，每年的年末都给了你重生的机会。"游戏"再次开始，用全新的眼光重新审视你的投资组合。

这点非常重要。你每天都在买股票，这就意味着你所拥有的所有资产的价值只限于当天的市场价。无论你是以高价还是低价买入的，重要的是你是不是想以现在这个价持有。我们摒弃了我们一贯不信的东西，经受住了错误对我们的考验。

我随手记下了这段时间的一些经验教训，直到现在，我还保留着那张破破烂烂的纸。我翻得最多的那句话是（辛辣的言辞是我在帝杰证券交易大厅那段时间学来的）："别为了1/8美元就把自己贱卖了。"（那时，股票报价间隔是1/8美元，也就是12.5美分；现在的价格间隔是一分。）

当我写下这句话的时候，我没想过要让别人看，所以有什么不恰当之处，敬请见谅。但是，正所谓话糙理不糙。对我来说，这句话有着很大的信息量。

首先：

> 别再喋喋不休地抱怨一笔小额业务。如果你想卖掉什么的话，请便。
> 别想着榨取所有的钱。

再者：

> 如果现实发展和你设想的有出入的话，卖掉它。

这句话的意思是，如果你原来的看法是错误的话，别为了继续持有一支股票而找借口。把赔钱的股票卖出去是让人感觉多么轻松的一件事。

最后一点,也是在过去几年里多次被证实的一点:

> 市场瞬息万变。别以现在的环境去推断将来的市场。

市场是生活的象征——工作,关系,健康。它的变化实在是太快了,快得你可能都想不起它起先的样子。在我的婚姻中,当我们由于距离而产生间隙的时候,当我们都觉得对方不够珍惜自己的时候,我曾多次想到这点。

婚姻是个难题,但是没有人告诉过你。我在婚姻上得到过的最棒的忠告,来自一家在1998年危机过后一直追随我们的大型机构的首席执行官。她说,婚姻好不好,不是以天衡量的,要以年来衡量。我知道那些艰难的日子终将过去。

从零出发,重新思考,对于我和公司的心灵都有很大帮助。我必须打破一直缠绕着我的绝望,以及我对自己是一个彻头彻尾的失败者的观点。经过行动、计划和修改我们的目标使其更为可行,我渐渐不再觉得自己是一个失败者,相信我们最终能东山再起,取得成功。

结果,我们仅花了6个月的时间,就为那些追随我们的客户捞回了损失。我们做得非常好,但是1999年对于所有人来讲都是个好年,直到2000年,我们才向人们展现了我们真正的投资实力。但要让我们的基金回到原来的状态,要花将近5

年时间，我们需要更多新的投资者。每一个新账户，或是新投资者的加入，或多或少都是一个胜利，而且我也非常感谢他们每个人。任何将来的成功就将会变得很甜蜜。

雨过天晴后，赎回的机会有一大把。起初非常慢，形势还不是很明朗。对于市场来说，1999年无疑是璀璨的一年，我们收获颇丰，甚至远远超过市场的总体表现。一切都奏效了，换句话说，我们几乎每项投资都赚了钱。但是这并不都是我们的功劳。几乎所有人在那年都赚了钱。经济正在复苏。科技的泡沫开始向外扩展。互联网改变了过去的交易方式。股票市场整体开始沸腾。

从1999年到2000年，市场参与者和评论员开始谈论一种新的公司样式。任何时候当一家公司发布有关互联网或是电信的新闻，它们的股票就会上升得很快。我们简直不敢相信，这太荒谬了。我们清楚，我们正在见证一波市场的狂热潮。

避开互联网泡沫的经历

我们是价值投资者，换句话说，我们试图找到那些被市场所丢弃的、搁置的、遗漏的公司的价值。通常，我们倾向于当前可能不太受欢迎的事物，但是我们相信它们总有一天或者很快就会再度流行起来，也许它们需要的只是稍加修饰。我们考虑的是：什么或者如何才能让一家公司变得有价值，而不是看它现在可能的财政状况。我们知道，市场参与者往往反应过度,并喜欢用今天的现实来推算遥远的将来。举个例子来说,拥有房屋所有权的理念已经过时了,但是我却相信,这是几代以来买房的最好时机。所以,毫无疑问,我们感兴趣的是早已过时了的东西。

大多数人都喜欢走在时尚的前沿,喜欢穿漂亮的衣服,希望可以顺应时代的潮流。我常常在刚见到一种新时尚时认为"我永远也不会穿成那样",而等到那股时尚快流行到头了,才开始转向它,即使这样让我显得有点过时。

虽然我已不再年轻,但现在的我更了解自己穿什么好看,要突出什么,要隐藏什么。我可以卖弄时尚,但是我不能把属于别人的衣服或别人的风格套在我身上。在投资的时候,我试图套用同样的理念。

当互联网成为主流,似乎一切变得皆有可能,我们公司也迎来了最辉煌的时刻。

1999年,那个所有人都热衷的".com"板块,在我们看来就像皇帝的新装——某种廉价的、前所未见的"服装"在华尔街和硅谷生产,然后售往各地。整个过程不过如此。

华尔街正在上演抢购大战。新科技公司需要资金来发展他们的业务。华尔街通过向公众出售股票(通常是原始股,又称IPO[1])来为那些业务提供资金。华尔街公司最好的客户将能够

1　Initial Public Offer的缩写,即"首次公开募股",指股份公司首次向社会公众公开招股的发行方式。——编者注

买进那些原始股，然后在第二天以高出几倍的价格卖出。

每天，投资者们把钱都投在了互联网股票和科技共有基金上，希望能搭上这趟顺风车。在股票上追加的钱越多，它就涨得越高。给这只气球不停地打气是一种极度乐观的态度，相信互联网终将彻底改变商业运作方式。在类似这种公司上，你又如何能开出一个合理的价格？

显然，在这个新的世界，你没有办法去衡量这个新兴产业的潜在价值。老一套的衡量基本现金流和公司资产的度量标准看起来既保守又落后。要学习新的算法，比如，"数眼球"——有多少眼球浏览过一个网站。然后你把眼球的数量乘以某一个疯狂的数字（此公式的首创者究竟是谁，一直以来都是个谜），来得到一支股票的评估。公司是否靠吸引眼球来赚钱这不重要。我不禁总在想，一个人到底是代表一个眼球还是两个。但是这个真的不重要。"如果你没有搭上那班车，投资互联网股票的话，那么你就什么都赚不到。"这句话是阿尔贝托·维拉尔的座右铭。（他是当时最有名的互联网投资者之一。后来因欺诈被捕入狱，虽然他一直声称自己是无辜的。他正在申请上诉。）

看上去似乎什么都阻止不了这个泡沫——或许它不是泡沫，而是革命，就像是美国20世纪早期的工业革命那样。或许地球的万有引力都将对它不起作用。

在距原来1849年旧金山淘金场不远的地方，硅谷成为新的财富发源地。科技人员都涌向硅谷，寻找开公司和赚大钱的机会。华尔街大大小小的银行都迫不及待地与科技人员攀交情。高盛在《华尔街日报》上刊登了一则广告，广告上其公司所有员工都穿着卡其裤，来证实他们能和新时代"接轨"。

如果你不知道如何成立一个科技公司，你不妨就交易科技公司股票。全美国有无数人辞去他们的工作，成为一名日内交易者。为什么不？比起在传统经济条件下工作，干这个能赚更多的钱。你不必了解公司是做什么的，是怎么运作的，或者是靠什么赚到钱的。甚至经验丰富的企业高管都辞职加入创业企业，以优先购股权作为报酬（这个在他们眼里等同于几百万美元）。

几乎没有一个工种或是行业不曾从互联网泡沫中捞到好处。甚至有专业财务策划师帮助那些一夜暴富的年轻人舒缓压力。天知道，谁会有那种压力？

这股狂潮愈演愈烈。我记得有家公司——Pets.com，只因在网上销售宠物用品而备受追捧，成为时尚新宠。这不是简单的宠物食品，而是网络宠物食品——还有什么能比这个概念更炫？除此以外，他们还有一只聪明的吉祥物——布袋木偶。那个木偶在Pets.com的口号是："因为宠物不会开车。"他们充分利用了木偶所带来的商机，甚至在2000年超级碗比赛上赞助了一段广告。那家以布袋木偶为代言人的公司，在首次公开上市后价值几亿美元，哪怕公司实际一直在亏损并且亏得很多——把食物邮寄给每个客户其实很费钱。

我们大都会资产的人都觉得不可思议。我们不明白为什么沿用了几十年的公司财务理论就这样说变就变了。公司不赚钱怎么就变得无关紧要了？市场怎么能给两年前根本不存在的公司那样高得离谱的评估？又不是什么治疗癌症的特效药。为什么连傻子都能从互联网股票里赚那么多钱？那些公司没有资产，没有实用的金融模型，没有任何战略优势，还是由22岁的大学辍学生掌舵的。这种欢腾的景象与我们价值投资者所珍视的一切都背道而驰。我们就是弄不明白。起先我们很茫然，随后觉得沮丧，再到后来气愤不已。

我们的一些投资人询问我们为什么不随大流。我们也曾短暂地想过要跟风，因为这么做看似太容易了。但最终，我们没有动摇。

我们看了看其他地方。我们毫无意外地发现，那些拥有真正实力和资产，但和互联网没有明显联系的大企业，都被人们无情地丢弃在角落里。类似工业公司和保险公司那样的金矿，其股票以我所见过的最便宜的价格在交易，却没有诱惑力，根本无人问津。但是，我们知道他们会保值。

我们的投资组合一点都不流行，就像袜子配凉鞋那么老土。但无论如何，美国工业仍然需要储备物资，金融系统仍然必须运作。陈旧的、不那么令人兴奋的生意并没有因此而停下。对此，我们立场坚定。

作为一个还在不断学习市场的人，我读到过恐慌和欣快由荷兰的郁金香狂潮开始，到强盗贵族，再到1929年华尔街股灾。我见识过市场如何与现实脱轨，只不过很难预测这种现象将会持续多久。1999年的春天，科技泡沫终于承受不住自身的膨胀而开始破裂。没有更多的资金可以投入。最后一批赶到的玩家不敢相信他们竟错过了这场盛会。经过一次短暂的回升后，科技股开始往下跌，最终，这股史上最大的狂潮烟消云散了。

我们目睹了破产、失业以及倾家荡产。曾经几百美元一股的股票跌到了个位数。市场价值缩水90%以上的公司比比皆是。当投资者们最终逃离这个板块的时候，他们除非以跳楼价出售，不然股票根本没人接盘，所以有些投资者还是硬挺在那里，希望春天永恒，希望股票定价波动。在上市足足268天后，Pets.com停业清算了。他们的股票，曾经市值几亿美元，最终跌到了零（虽然布袋木偶的许可权后来卖了几十万）。

互联网泡沫和大都会资本的时运教会我：事情随时都在变。所以你觉得我们学到了什么？失败过后，动摇信念、随大流追逐炙手可热的事物对我们来说太容易了，但是那样做将会带来灾难。我们必须保留自己原有的价值，并反思和重建那些没有价值的部分。

当理智占了上风时，那些曾经被抛弃的公司又变得炙手可热，无数金钱流向了它们。2000年，当市场下跌了9.1个百分点时，我们上升了26.48个百分点。我们的表现从来没有像2000年这么杰出过。我们知道自己是谁，赎回最终又是我们的了。

当我重温过去发生的事，以及我从那场公司几乎崩溃的失败中学到的东西，我认识到伤疤依然存在，并且它将永远存在。即使最终我们东山再起了，而且远远超出了我们原先的顶峰，我仍然留有一丝对于震惊和亏损的屈辱感。它一直在那儿，而我学会了适应它。

但是我并没有忘记我克服了它。有趣的是，我不得不使劲地想，才能记起事情的详细经过。我已经遗忘了许多伤口——公司出售未能实现，投资失误，投资者的离开，管理上的不足。但是我仍然时常感觉到任何事物都随时可能崩塌。

有些创伤完全恢复了，就像不孕的痛苦以育有4个孩子的欢愉而告终。创伤的感觉会慢慢消退，但是教训不会被忘却。我断定，还有更多的失败在前方等着我（以及更多东山再起，我有信心），就随它去吧。

当你对抗并且设法应付你的失败时——无论失败有多大——请和善地对待自己，但要行动起来。反弹是一项武术——或许外表动作看似冷静，但是内心激烈斗争，你可以做到，你必须做到。

向前进！这是你唯一能走的道路。

第8章
活在当下没那么简单

人生的每个阶段，每个目标，每次转折都是值得品味的。总是好高骛远会让你失去当下生活的精华，迷失自我。特别是对我们的私人生活来说，活在当下有时候是唯一的也是最好的办法。

从寻找爱情，选择婚姻，组建家庭，到贴上那令人担忧的"在职妈妈"的标签、发现你没法一时身处两地……每个时刻都应当极力去争取。我们可以锻炼自己，虽然我们不是天生就知道这些事情，但可以去学，可以去尝试。

活在当下并没有你想象得那么富有禅意。我在经历了所有可能的途径过后，才领悟到这个哲理。要是我能够早点领悟到就好了。

大学毕业后，我考虑着我的职业发展，很担心自己不能像期望得那么成功。之后，我又担心永远不能找到真命天子，然后担心不能有小孩，然后……担心每件事是否能称心如意并不能帮助我抓住机会，结果恰恰相反。

尽管事先考虑是件好事，但并不是每件事情都是这样。对于任何一个橄榄球球迷来讲，比赛中一个最让人失望的时刻就是接球手还没完全稳稳地拿住球，就开始准备向前跑——因为他不仅仅满足于接到球，还试图想跑更多的码数——但是紧接着他失手了。他最后什么都没得到：接球失误，没能得分，浪费了一次向前推进的机会。我经常谈论长远眼光的必要性，事先考虑，想象接下来会发生什么事。但是有些时候你要做的仅仅是把第一步走好。当你牢牢控制住球的时候，再去考虑跑出更多的码数。

人生的每个阶段，每个目标，每次转折都是值得品味的。总是好高骛远会让你失去当下生活的精华，迷失自我。特别是对我们的私人生活来说，活在当下有时候是唯一的也是最好的办法。

从寻找爱情，选择婚姻，组建家庭，到贴上那令人担忧的"在职妈妈"的标签、发现你没法一时身处两地……每个时刻都应当极力去争取。我们可以锻炼自己，虽然我们不是天生就知道这些事情，但可以去学，可以去尝试。

单身女孩活在当下

在我还单身时，犯过的最大错误就是：当我不在办公室加班加点的时候，我过得并不像一个年轻的、有夜生活的20来岁的纽约女孩。我真的好想约会，谈恋爱和结婚。但是好多年过去了，我从未在这上面做过任何努力。

我勤奋工作，从不参与办公室八卦，放弃了礼拜四的比萨和啤酒之夜。一个礼拜总有几个晚上，我会去健身房埋头运动，根本没想过要去看看周围的帅哥。运动结束后，我独自一人回到公寓吃晚饭……从来没有为自己创造过任何约会的机会。

我把自己搞成一副根本不想谈恋爱的样子，尽管我肯定不是那么认为的。我总有一些错觉，觉得该发生的总是会发生。我设置的障碍就像是一个挑战："如果你爱我，你就会找到我。"可见我的策略有多低劣。

当然，就算你把自己豁出去了，也不能保证你的真命天子一定会出现，但总比你宅在家里的机会要大一点。活在当下意味着好好工作、享受独处，也要外出交际。成功的定义不包括孤独、禁欲，或者一周五天叫外卖（除非你的梦想就是嫁给左宗棠[1]）。活在当下意味着玩的时候尽兴地玩，要收的时候能及时收住。

有时候，我很难在工作和玩乐状态之间切换自如，我会借着埋头工作来躲避独处时的寂寞。内心深处，我知道这是怎么回事，但我会编个理由哄骗自己——我工作得有多努力，我的工作又有多难，以致根本没时间出去玩。这听起来似乎和我将要阐述的应该去办公室上班的观点截然相反——我坚信你应该来办公室上班。我的观点是上班的时候你应该在办公室，下班了就不要待在那里。你知道其中的差别。

假如让我重来一次（假设我还是会遇到劳伦斯），我就会走出来，活得像20多岁的样子——这并不意味着当个附近酒吧的常客——我还会参与更多活动，和朋友们结伴出去玩，增加我约会的概率，尝试新鲜的东西。你在工作中要努力给自己创造机会，社交生活也要如此。

我单身那会儿，还没出现网恋这种事，如果我现在还单身的话，我会上那些交友网站。我听说过关于交友网的每个负面评价，比如，"我就不明白为什么一个身高1.62米的男人会说自己有1.78米；他是不是觉得我傻到不会算术？他以为他能瞒多久"？但是，我仍然会去上交友网。我知道有好多人通过网络找到了好姻缘，足以反击那些负面评价。

要使自己被注意到需要花点功夫——这很难，还伴随着

---

1 指常吃中餐外卖中的左宗鸡。——译者注

一定的冒险，但总比当个透明人要好得多吧。要坦诚地面对自己的处境及其成因。请牢记：

> 我永远都不可能在我的单身公寓里和人邂逅，你也不会。

我意识到要找到我的另一半就要走出我那间单身公寓。我允许自己开始一些约会，其中包括我最喜欢的阿姨阿黛尔安排的相亲——我阿姨总是记得我的生日，在我高中、大学毕业时会送贺卡给我。她那种值得依赖的家庭成员，可以跟她打打贴心电话，或者从她那里得到一两句鼓励的话。

事情是这样的，她的一个经常一起打桥牌的朋友，有个独子在纽约。我也在纽约，而且是单身，这应该足够般配了，不是吗？

阿黛尔阿姨是这么解释的，她见过她朋友的儿子，知道他是个有礼貌、幽默并且聪明的孩子。她还知道我在这方面还不懂什么才是适合我的。

> 阿黛尔：卡伦，我帮你找了个对象。
> 我：你真客气，但我不是很确定。
> 阿黛尔：相信我，他很棒。他既聪明又幽默，并且是个极孝顺的儿子。

我（沉思中）：孝顺儿子……听起来他有恋母情结。

说我犹豫那是轻描淡写了。我们约出来见面，双方都事先说好仅仅是出来喝一杯，这样一来，如果我们之间没有擦出任何火花，或者更糟糕的话，双方都可以迅速找个借口来缩短约会。

出乎意料的是，我们很谈得来，这要归功于我们那俩爱管闲事的亲戚，提供了"被迫相亲"这个打破僵局的话题。我们各自讲述了一开始是怎么被说服来相这个亲的。事实上，我挺希望那晚我们能多处些时间。我很惊奇阿黛尔阿姨能帮我介绍一个那么好的对象。我们差不多约会了一个月。我非常享受他的陪伴、机智和彬彬有礼的态度。但最终，我们有了那种"你是个好人，但不是真命天子"的感觉。尽管如此，那几次约会让我整个人积极起来，周末晚上出来找乐子，令人精神焕发。这种感觉激励着我继续尝试。我时不时还能碰到他，感觉总是很美好。

但烦恼也跟着来了，我也碰到一些不那么让人愉快的人——"青蛙"、"蚱蜢"，还有那种看似不错但某方面肯定特别奇葩的男人，不然他为什么还单身？一旦别人知道我单身——以前我没挑明这方面的信号——朋友、朋友的朋友就开始如潮水般帮我介绍对象，我也主动认识了一些人。

其中有各色人等——一个在华尔街工作的健身爱好者，和他相比我简直就是个丑小鸭；一个善良的狂爱奇多士[1]的兄弟会大笨蛋，在我们第一次约会中邀请我玩飞盘，这也是我们唯一的一次约会；一个对我来说有点酷过头的足球猛男，几年过后来到我们公司工作；一个长得酷似拿破仑，活在自己世界里的男人，在德宗证券倒掉的时候，他也崩溃了；还有一个和我住在同一栋楼里，成了我的"炮友"，在向我的女性朋友提到他时，我用洗衣间认识的家伙来指代他。我们会在地下室一起洗脏衣服，当干净衣服在楼下烘干时，我们会上楼脱去"湿透"的衣服。但他们谁都不是我的真命天子。

正当我在不停地寻觅我的超人时，另外一场相亲来了。这次是劳伦斯。我看了他一眼就对自己说："他就是我的克拉克·肯特[2]，已经足够接近了。"那个撮合我们的人是劳伦斯在哈佛的朋友。我喜欢哈佛出身——不论是哈佛本科、哈佛商学院，还是哈佛法学院。但当我打开门看到这个1.93米的家伙时，我想"他很有可能是拿了篮球奖学金才去的哈佛"。

两样我都猜错了。劳伦斯聪明得可以考上任何大学，但是篮球却打得不怎么样，连六年级女生联赛都打不了，就算他有身高优势。但是他相貌英俊，为人有趣，有种诡异的幽默感和糟糕的平衡感。我们之间非常来电。

好多年后，我带着我的两个大孩子，在我办公室附近

---

[1] 一种茶点的名称。
[2] 美国著名电影《超人》中超人的扮演者。

的一个街角正等着红灯变绿——我们预约去附近的诊所看牙医。从眼角余光里,我隐约注意到一个无家可归的流浪汉。我认出了他,当年我住这附近的时候,他就在这里游荡着。

"嗨,63街的小姐,你好吗?"流浪汉问道。

我无法相信我们还记得对方。我走过去给了他一些钱。尽管以前我们最多互相点个头,打个招呼,我还是认为我有必要向他介绍一下我的孩子。我觉得在纽约,这是有礼貌的人应该做的。"这是露西,这个是杰克。家里还有一对小的,由我丈夫带着。"

他毫不犹豫地回答道:"喔,我以前从没见你出去约会过。你总是在工作,就我所知,你从来不出去玩。我很惊讶你已经有小孩了。"那语气就像他正在饰演一个我从来都不会看的爱情片里的角色。

除却他的言语里有那么一丝怪怪的跟踪狂的味道以外,这句话直击我内心深处。他早在我意识到之前,就清楚地知道我不该那么生活。

如何走出自我封闭的状态:

◆ 你预期的景象、你向自己描绘的故事到底是怎样的?如何分配你的时间,怎样对待陪伴你的人,怎么来描绘你的人生?在这些方面你对自己、对他人都要真诚。

◆ 在一次平常的约会上,你是不是已经找到你的另一半，而你们需要的仅仅是第二次机会？好好想想。你有没有后悔过你约会上的表现，你知道你表现得根本不像是自己，因此那些让你犹豫不决的人就不能成为你要寻找的人？

◆ 向那些你认识的男人学习。我敢说他们有更多乐趣。我认识的男人都有他们的"小嗜好"——车库里的玩具、深爱的球队，星期天下午一起闲逛的朋友。他们不会向人们传达，其实他们出现在那儿是被迫的，他们更希望和女神待在一起。男人间的情谊看起来不怎么亲密或是深厚（别被骗了），但是它却有一个重要的目的——让男人活在当下。

结婚和组建家庭的真相

尽管不常出现，但你总会经历这么一刻时光，怎么形容呢，一个如此幸福满足的时刻，像在过神仙般的生活。就在那时，你需要对你的这份幸福带着一份感恩的心，好好享受，因为那就是你当下应有的生活。

对于我来讲，最值得纪念的时刻就是我的婚礼。只要我还有记忆，我就永远不会忘记那天。我们是1993年11月，在纽约的大都会俱乐部举行的婚礼。就像回到了另一个年代，一个富饶的年代。想象一下在陆地上的泰坦尼克号吧。我不知道为什么一定要那些时髦的摆设，似乎冥冥中觉得就该这么做。我还穿了一件按我现在的审美，到死都不会再穿的狂欢套装，好吧，是人都会犯错。

轮到我走红地毯了。我想一个人走，然后让父亲在半路上和我会合。音乐响起，我还记得司仪说："等一下，等一下，深呼吸，走。"就在快要嫁给劳伦斯的那一刻，我知道一切都会很顺利，我在茫茫人海中找到了他，我们会组建一个家庭，一切都将会很美好。

有些时候，终究会事与愿违，你会处在一个你从没设想过的境地，一个不属于你的地方。那种时候，你对事情的精心计划或预期被搞成一团糟。你必须要把眼光放远，牢记你不会一直被困在这种境地里。对我而言，在我不得不面对不孕这个事实的时候就是这种情况。就其他女人而言，这种情况有可能是她失去了家人，她的健康出了问题，事业动荡丛生、不断走下坡路，或是有个需要特别照顾的小孩。好像我认识的每个人最终都会经历几件看似"只会发生在别人身上"的事情。

结婚好几年后，我告诉劳伦斯是时候要孩子了。这是我们之前达成共识的，所以没必要给他来个最后通牒。但是那个时刻真正到来的时候，我们的关系发生了巨大的变化。我们开始了令人尴尬的"交配"，讽刺的是，我们这么做只是出于生物学的角度。单纯为了繁衍的性爱和我长期的生活理念相违背。这是我有史以来最糟糕的性爱了。但当我们意识到没有任何"成果"出现时，一切对性爱质量的懊恼都消失了。

刚开始的几个月，我还挺放松的。我们还算是新婚燕尔,况且我又能有多想彻底改变自己的生活呢?然而,四季轮转,时光飞逝,我仍然没怀上。我买了排卵试剂套装和验孕装备,给劳伦斯买了宽松的内裤。我避免泡澡和骑单车,还喝别人推荐的茶。我做了任何可能对怀孕有帮助的事情,还留意任何一个我听到的迷信的说法,我觉得这么做至少没坏处。

当听到朋友们接二连三地怀孕后,我备受打击。尽管我从不认为她们怀孕和我怀不上之间存在什么关系,但是内心深处,我自问:"我会不会成为那个,那个永远怀不上的人?"

我的妇科医生建议我们试用"克罗米芬"(治疗不孕不育症先期的药)一段时间,如果还是没有用,她建议我们去看看专家。连续使用"克罗米芬"几个月后,我还是没能怀上孩子,是时候加大赌注了。

诸多助孕方式间有条泾渭分明的分界线——"克罗米芬"就像服用维他命,这是自然怀孕的最后一根救命稻草,之后就是针管、培养皿、试管,还有IVE(试管受精的首字母缩写)了。如果还不管用,你就会陷入更大的压力、绝望和有创治疗。

在纽约,预约一个顶级的生育学专家,就像是要觐见教皇那么难。举个例子,一个医生只会在下一年年初放出一些星期二的预约空位,而且仅仅是做一个初步的咨询。对于劳伦斯和我这种快节奏类型的人而言,这显然是不能接受的。

我们各自查了查自己的关系网，走走关系，争取把这一过程缩短几个月。

我从一个年轻、乐观的纽约已婚职业女性彻底地转变成了一个不孕不育的病人。我把里里外外能做的检查都做了个遍。然而检查结束后，他们还是没能找出我不孕的原因。这事也不是劳伦斯的问题。我还记得，当他们给了他一份精子检测报告，上面不同的选项都被打了勾，总评是B+时，我看到他十分沮丧。他正在试图找出谁能帮他把检测结果改成A-，或者哪些"额外练习"能帮他多拿几分提高成绩。因为并没拿到不孕不育的确诊报告（好多时候都是这样），我便开始定期地往助孕诊所里跑。

从我疗程的第三天到第十三天，我每天的作息就是早上7点到助孕诊所报道。三楼的检查区域挤满了三四十个各种体型、胖瘦和背景的女人。大家原本不会聚在一起，但在此不得不被归入了一个并不想属于的群体。我们之间鲜有交流，仿佛是为了避免传染到别人的不孕症，或是为了证明我们根本就不是不孕不育，甚至是为了假装我们根本不在那里。

每天的验血让我觉得自己就像是工厂里的一个齿轮。然而没多久，我就意识到说不定护士们也有相同的感觉，所有的女人都太过于沉浸在自己的悲惨故事中，所以我们都没能看到，实际上工作人员也做着艰难的工作。每天早上，首先我都会问候他们，问他们来自哪里，或者昨晚的夜校课程上得怎么样。如果他们是我一定要打交道的人，我又想让他们多关照我一点，那么，表现得友好点总不会错，对吧？

做所有的测试、超声波图，外加晚上打针，这都不像我了。劳伦斯也有属于他的那些怪异的事情要做。他告诉我，他必须按照要求往小杯子里"弄出一份样品"，医院的人就等在门外取这个样品，这使他颇感压力。他做起来并不十分协调。但是有时候分工（和压力）本就没有公平可言。

不孕不育影响着我生活的方方面面。每个早上的安排都要考虑到验血和超声波，而每个下午你都要腾出时间打电话咨询晚上的用药医嘱。然后，当然你要确保你的屁股——确切地讲是你的髋骨——做好充分的准备，由你或你的伴侣在晚上特定的时候给你精确地来上一针。我的情况是，偶然的歪打正着让我遇见一个邻居，一个出色的儿科医生，我打电话给她看她能否为我打针。我做不到自己给自己打针，而且我早知道她是一个医生（我们在电梯中聊到过这个话题），虽然之前不清楚她是哪一科的。

因为不孕不育，生活变成了一场"大规模计划"行动，更准确地说，"大规模取消"行动——你根本没法计划旅行、周末出行，甚至任何计划都行不通。生活就这样被搁置下来了。

在我们第一次尝试了普格纳（Pergonal，促进卵泡生长）和受精（把精子放在合适的地方来与卵子相遇）的一个完整疗程后，那天晚上我接到了一通来电，是关于验血的结果。我受孕成功了！我被告知第二天早上回去再验一次血。第二天晚上，电话又来了，这次他们表达了遗憾——胎并没有坐稳。

我备受打击，觉得一定是他们哪里搞错了。荷尔蒙的指标应该已经达到标准了，我应该能做到的啊，我知道我可以！但是很显然，我没能做到。现在我要再等三个月才能再次尝试。所有的努力、痛苦、打针、声波图、受精都化为泡影。我们又回到了起点，这次我们有了新的担心——我能够受孕，但是坐不住胎。这就像医学上的蛇梯棋游戏——直接回到起点。

我记得那一晚，我们去参加一个朋友的订婚宴，当时我完全六神无主，根本没办法集中精力在任何一件事情上。悲伤使我早早地离开了晚宴。我陷入了困境和生命中的低潮：没法生育孩子。每天的工作就好像是在梦游。那些原本一直让我执着的东西现在都排到了后面。

那段对我而言异常艰难的时间，却也是我们婚姻中的美好时光，劳伦斯是那么支持我，那么乐观，如果我能够通过自己那一关就好了。我非常高兴能找到劳伦斯这样的老公，但是如果怀不上孩子，我可能永远也不会再高兴起来了吧。这方面我无能为力。我觉得希望非常渺茫，除了耐心等待别无他法。或者我们能够领养一个，但这暂时还不在我的计划之内。

我相信命运，该是你的就是你的，无论亲生与否。不管你选择哪条道路，不管道路有多么曲折，然而，既然偶然间你遇到了你的伴侣，冥冥之中，上苍也会带给你一个孩子，甚至是一群孩子。

几个月后，我们又开始了新一轮的尝试，又回到了往返于诊所的节奏。无数个下午，我们接到从诊所打来的关于检测结果和用药医嘱的来电（"我们很遗憾，但是……"）。

我们试了一个又一个月。我们晚上打针，早上验血，在荷尔蒙达标的时候受精，然后就开始等待命运的裁决。我做梦都想听到这句话："你怀孕了。"然而一次又一次，"我们很抱歉"是我唯一听到的消息。我们开始恐慌了。但是医生却不以为然。他说过："我会让你怀上孕的。"他难道没有察觉这么做根本无济于事吗？这已经是我们第四次尝试了。我还没准备好给自己设个期限，比如试满多少次我们就放弃。不成功的可能性超出了我们的承受范围，不予考虑。

劳伦斯倒是很乐观。内心深处，他觉得最终总能成功。我那个通常很悲观的母亲也很体贴，她坚信我会成功，并且一直鼓励我。

在又一次尝试过后，我紧张得都不敢回家等电话了。在一个本应该是懒洋洋的夏日周末，我和杰弗里还有一些生意上的朋友去东汉普顿网球俱乐部打了一场休闲的网球双打比赛。我愿做任何能让我暂时忘却烦恼的事。

比赛结束后，我走向停车场准备开车回家，突然发现劳伦斯就站在我的车前。我的心一沉，但我的理智却做出恰恰相反的推理——没道理他驱车赶来就为了告诉我一个坏消息。当我走近他的时候，他微笑着向我竖起了大拇指，我一下子抱住他哭了起来。我们知道这次准行（我们太兴奋了以至于没有意识到这次也可能会失败）。接下来的验血报告不但确认我怀上了，而且还怀了双胞胎。

但接下来的七个月比起前几年，简直糟糕透了。严重的孕吐使得我非常虚弱，身体上和心理上都是。然后我有了一次大出血，这把我们又一次送回了四处就医的征途。我们两个人之间存在着令人窒息的压抑。我身体上没什么疾病，意志坚强并且能够忍受剧痛，对此我非常自豪。然而现在我却弄得一团糟。

劳伦斯变得不安，并且由于担心而开始恐慌。他时常对自己能够应付各种复杂情况而感到得意扬扬，然而现在他做什么都不对。我老觉得他只关心宝宝的状况，而忽略了我。作为夫妻，我们迷失了方向。

但最终，在第三十三个礼拜（紧咬着牙，我事后这么描述来着），我们的孩子出生了。杰克和露西来到了我们身边，他们太完美了。宝宝们在婴儿房的最初十二天里，我们每晚都意外地有几小时的相处时间。令人高兴的是，我们再一次找到了对方。

当露西和杰克3岁后，我们决定再次尝试。劳伦斯和我约定再要一个。其实他要得更多，想要七个，而我讨价还价减到两个，最终我们都让一步决定要三个。但是我和他都知道，第二次怀上双胞胎的机会很大。事实上，在内心深处，我知道我们注定会再有一对双胞胎，不仅仅是有可能而已。回到我们以前常去的诊所，只试了一次，我就怀孕了，这太出乎我的意料了。出乎我意料的还有，在不久后我就得知我只怀了一个孩子。嗯，这点我完全没有想到。

我们的婚姻关系又回到了紧张时期。1998年的金融危机还让人记忆犹新，不管是从心理上还是从资产流动性角度而言。我们大规模的公寓翻新也快结束了，我们准备搬进去了。我们搬家的那个周末，正是我怀孕十四周，我流产了。劳伦斯和我为此抱头痛哭。

六个月后，我们重新开始，又回到了诊所。两次失败过后，在第三次尝试时，我告诉劳伦斯我坚持不住了。我已经筋疲力尽了，我甚至都不想完成这轮尝试。但是，不想做逃兵的念头让我坚持到了最后。故事的结局是，九个月后，威廉和凯特出生了。

我功德圆满了。

我终于舒了口气，那种痛苦和精神折磨终于结束了，结局还是令人满意的。（我永远搞不清楚到底是该称它们为受孕治疗还是不孕治疗。）神奇的是，大多数情况下，绝大多数去那求医的夫妇都能够怀孕成功,并且宝宝也很健康。还有一小部分人会去安排领养(这既伤神又费时间),最终只有少数人选择接受现实,放弃了要小孩,毕竟生活还得继续。

我告诉你这些,同时也是希望提醒自己,没有过不去的坎儿。一些伤痛总会痊愈。

关于婚姻生活的几点建议:

◆ 笑对糟糕的性生活。要有耐心,但要牢记,当下并不是单指把注意力放在工作上。

◆ 尽你的全力去爱你的伴侣——这会使你们的关系如胶似漆,最终让家庭变得更加牢固。

◆ 敞开怀抱,迎接困难时刻,并且坚信任何事情都会慢慢好起来。你有可能只是不知道"好"的定义是什么。

宝宝来了:在家办公就像是个性幻想——(大多数情况下)在现实生活中根本行不通

我清楚地记得那个时刻,那个领悟。在我马上要用完生第二对双胞胎的六周产假时,我开始慢慢试着在家办公,打算把我的生活重心逐步转移到工作上来。我安排了一个电话会议,邀请了一家我们投资的公司的首席执行官,让他谈谈生意开展得怎么样了。

我给自己足够的时间来准备这个电话会议,换句话说主要就是，告诉两个当时已经4岁大的双胞胎、他们的保姆，以及那对小双胞胎的看护，说我要做些工作。然后我躲起来，直到他们沉浸在某项活动中后，才悄悄地溜进我的家庭办公室，把门锁上，这让我觉得我好像在背着那对大的双胞胎做什么坏事似的。

电话会议准时开始了，但不久后，杰克和露西就开始敲门了。起先我试图不理睬他们，但是他们越敲越响。最终我不得不打个招呼离开一会儿，告诉他们给我安静下来，因为我要工作（我这是改述了，但是主要就是这个意思）。看得出来，那位首席执行官对他们的调皮捣蛋并不高兴，而我那严肃投资者的形象被彻底毁了。

仅仅过了两分钟，喧闹又开始了。我不得不再次抱歉地起身把两个哭闹的小鬼拽走。他们伤心了，我既沮丧又生气，保姆很着急，觉得让我失望了，而首席执行官很恼怒。我不怪他，是我搞砸了。我到底该怎么办呢？难道假装小孩不是我的？

当我把自己锁在办公室，与门外两个小鬼隔绝的那一刻，我意识到了我本该一早就知道的事情：

你无法一心两用。

就是这样子。这种领悟出乎意料的简单，正如所有的真理一样。

在家办公是最坏的选择，根本就不管用，并且你根本感觉不到是在家里。你可以随你所愿地为这辩护，但是没说出口的事实只能是：你其实是在促使各方面产生不满，同时自欺欺人地认为你已经两边都搞定了。

当你在家工作的那天或半天里，你会有一种感觉，那就是办公室的人会质疑你是否真的认真工作了。好吧，有时自己都会怀疑自己，凭什么他们不可以？然后你就会把这联系起来，你会不停地证明自己和自己的付出。无论你在不在办公室，你都会觉得你要加倍努力，或至少要给人这种印象。这太累人了。你的孩子会看出你心不在焉，他们会试图叫你跟他们玩。他们想知道谁比较重要——是老板和邮件还是他们。

在我看来，如果你只是身在曹营心在汉地陪在孩子们身边，你就是在糊弄他们。他们能够习惯于你不在家，但是他们很难适应你忽略他们。

另一方面，无论你在家有多勤奋，你在工作上都会有所懈怠，效率也会很低。如果你是一个妈妈，你的同事就会认定你会和你的小孩出去玩耍一下。你在家的目的就是要和他们待在一起，不是吗？

失望总是会有的。想一想吧，你有没有曾经试过打电话给一位在家办公的母亲，而她却没有接？不夸张地讲，这很令人恼火。干我这一行，有些事情是非常非常紧急的。我很讨厌（我们就是要开诚布公，不是吗）每件事都要发邮件或是打电话，这些事情原本是我在办公室探出脑袋吩咐一声就可以解决的。

如果我的下属在出差的时候，我不能联系到他，我的第一反应就会觉得他们肯定是忙着做事。然而因为出过很多次差，我知道比起做其他事情（开车迷路了，在机场等安检，找饭馆，或是在旅馆的办公中心等着打印），忙于公务的时间只占很小的一块。我不介意他们没接我电话。而在办公室里，如果你要出去上个厕所，我不会怪你。但是，坦白讲，如果我看不见你的脸，或者看你不在位子上，我就感觉你没在工作。我知道这有可能很不理性，但是我不是唯一一个这么想的人。

科技在进步，这我懂。FaceTime[1]，iPhone以及Skype都是最近才出现的东西，我还没那么老。如果你将要进入，或者已经处在了一个男性主导的领域，将会有很多和我年龄相仿的男人（包括女人）赞同我的看法。原因在于：一个人想在家工作的理由无非是对他们来说这样更方便，或者他想这么干，而不是因为这样他们会更加有效率，从而有助于完成公司的目标，或是诸如此类的风凉话。通常他们选择在家工作总是和照顾小孩有关。在一个男性主导的领域，老板不会有多大的兴趣来适应你那些鸡毛蒜皮的事，比如，你要照顾小孩，你的保姆病了，或者你孩子的托儿所一周只工作三天。

---

1 "苹果"品牌设备内置的一款视频通话软件。——编者注

这可能有点不公平也不正确,但是如果你的老板不认为公司能从你身上榨取最大利益,那么你的职业发展就有危险了。不总是这样,但是大多数情况是。

这样想:有没有遇到过你在办公室,而你老板在家工作的时候?那时候,你敢不敢老老实实地说,就算你老板不在,你还是一样努力勤奋多产地工作?现实点说,你很可能不会。我们小学时就有这样的体会:"嗨,今天的课由代课老师上,所以会很轻松的,我们大家都把节奏放慢点。"

请记住这点,如果你就是老板,并且选择在家工作的话。

还有一点值得提一下。有时候,只有那种随机、偶然的互动才会产生比较大的影响:比如,你和某个老板的关系,出现了新的商机,一通你恰好能帮到忙的电话。活在当下就是提醒自己要不断增加自己的机会:

随时随地等待着不期而遇的机会。

那些时刻是不能被事先预测、安排,或者预见到的;只有你人在那儿,在办公室,且恰逢你那时有空,它们才会发生。所以说要你在办公室不是没有原因的。

关于孩子的几点建议:
◆ 量力而行,向别人提供吃的、穿的或者住的,作为回报你也会获得可靠的、充满爱意的帮助。和你的邻居，其他的日托妈妈，和你圈子里的保姆做朋友，这样你就能有可靠的支持和候补方案。如果可以的话，主动帮助那些妈妈，你总希望攒些"人品"吧。当初送我儿子参加篮球比赛那会儿，我总会问有没有人要搭我们的车回家？或者谁想到我家吃比萨？你有没有在生日派对上帮忙接送？尽量带一下没人接的孩子，相互帮助。然后偶尔请别人帮忙。时不时地来一次应该不会被拒绝的，人们一般都很乐于助人。但也不要索求过度，把"人品"都消耗光了。

◆ 把你不知所措和失望的情绪留给你最好的好朋友和配偶（小心不要把你的苦恼全数加注在他身上），特别是能给予你启发的偶像（不是你的同事，更不是老板）。孩子长得很快，环境也在变化，你也会处理得越来越得心应手。接受你现在的处境，并且坚信情况总会好起来。

◆ 要意识到，双重标准永远存在，并为此做好准备。一个男人请几小时假去参加他儿子的足球比赛，会被认为是一个好爸爸。如果一个女人也这么做，那她工作的态度就会被质疑。那个爸爸会告诉每个人他要去哪里，他会一边走向电梯，一边披上有他小孩号码的足球队服。而你也可以离开，不需要隐瞒你要去的地方，但不要像男人那样到处招摇，到车上再去穿你的队服。

◆ 要注意办公室的风向，了解你对于请假的认知与实际可能性的比例，这样才能把看医生、参加家长会和其他诸如此类的事情安排开，或者你就干脆请一天假把它们一下都干完。

◆ 不要老是把你的孩子带到办公室去——也不是说永远不能带，但不要总带。他们不仅仅分你的心，还影响到每个人，但这不是他们的错。

当然，每条规则都有例外。有些情况无法避免，你不得不在家办公。这种情况会发生的，但不该成为惯例或是目标。在家工作不是免费的，它是有代价的。

活在当下——这不像听起来那么复杂。如果你在工作，那就好好工作；如果你在带孩子，那就待在家里。就那么简单。

C.K. 主义方法论之五
产假的真相

不要低估了你的同事对你请产假的不满。你必须事先安排好，如果可能的话，完全按着这个计划来。尽管要个小孩对你来说可能是天大的事，是你一辈子最美好的事，可这会对他们造成困扰。这个世界不是围绕着你的孩子转的。如果你对产假结束回来工作这个过渡感到不适应，请谨言慎行，特别是和你同事讨论这个的时候。为什么？因为如果你给人的印象是你对你的工作根本不上心，你的职业永远没法回到正轨。如果你在上班，至少给自己一个选择，是做一个职业女性呢，还是做一个全职妈妈。

如果你是个已婚女性，并到了生孩子的年龄，要小心，很多雇主可能不会雇你，因为怕你休产假，比如，不止一次为好几个孩子请假，或者就索性待在家里。面对这种歧视你又能怎么办？有些时候什么都做不了。但还是会有一些办法。找个机会谈谈你的父母、阿姨、姐妹和好朋友们工作的故事。谈谈你的目标和你想要实现的梦想。

我认识一个做得很极端的女人，在生完孩子后，她索性换了一家公司，因为她知道她在那里首先会被看成一个很可能再次怀孕的女人，这会阻碍她的发展。

出于渴望和必要性，如果你觉得你对回来工作这件事非常严肃，那就必须要和业界保持联系。并且，还要和某个能够帮助你顺利回归的同事保持联系——最好也是个女性。不要对男人们讲喂奶的故事。

哦，还有一件事。作为一个新妈妈，保持头脑清醒相当困难——有些时候几乎不可能做到。以我的经验来看，为了宝宝的礼物写感谢信会导致产后抑郁。赶快把它们做完。

划分：活在当下的脑力游戏

我认识的大多女人把她们的情感看得比较神圣。除了极个别的女人以外，我们普遍认为我们的情感不应该受到约束，并不去考虑这些情感可能导致的附带损害。有些女人和男友或是姐妹吵上一架就可能引起精神崩溃。

让女性们失望的是，男人们通常对于感情上的划分很在行。如果一个男人和他的老板起了冲突，在内心有了负面情绪，他很可能会充分地把矛盾隔开，继续每周两次性生活的节奏，或是在周末的篮球友谊赛中，表现得像个球星，而绝不是个失败者。这是门艺术，一门有价值的艺术。有多少次你生活中的一些不爽让你迁怒于其他事情？

对我而言，工作中的不顺利会让我发怒。我还记得和我小女儿凯特的那次特殊亲子游，当时她只有6岁。那是夏天的一个长周末，一次已经说了好多次的洛杉矶之旅，去看望我高中最好的朋友唐纳和她的孩子。我安排了完美的行程：一辆野马敞篷车，小孩子的活动和一个成人的晚餐派对，派对过后坐在唐纳家门外的篝火边聊天。凯特非常乐意去那里，因为她可以熬夜和我朋友的孩子一起看电影，做其他好玩的事情。最令我得意的是，我在我最最喜爱的地方，比佛利山庄酒店，定了一个套间。每当在那里的时候，我总是会有种梦想成真的错觉，因为在我小的时候，这个画面每天都会在我脑海中出现——我知道的名人们全都懒洋洋地躺在泳池边。

我们旅程的最后一天早上，艳阳高照，令人十分愉快。我以为在我们与唐纳和她孩子碰头、一起去圣·莫妮卡码头玩之前，有足够的时间给自己来一杯卡布奇诺，给凯特买杯热巧克力和一个肉桂卷。

星期一早上能和凯特在一起，是个罕见的情景。但是，当我们在咖啡店排队的时候，我接到一个令人沮丧的工作电话，一家我们持股的公司宣布盈利会令人大失所望——大单不能及时兑现导致了赤字，股票也受到了影响。他们开了新闻发布会，告诉投资者们他们公司远景展望上的一些变动。这叫作对下行风险的预先公布。

我突然有了一种情绪，那就是"为什么每件事我都要亲力亲为？"哪怕事实是我和办公室的任何人根本就对此无能为力。这种事常常发生，但我并没有因为对此司空见惯而不再失望，我还同时试图寻找发泄对象（一个无理的反应）。

当我离开咖啡店的时候，我已经处于愠怒状态了；然后，我在租来的车的雨刷下面发现了一张迎风飘动的罚单。这全怪那些看似友好、其实太过悠闲的工作人员，排队的人群前进得太慢了，再加上我受了那通电话的干扰，忘了往停车计价器里再投一个硬币。

吃一张罚单等于说我们花了75美元去买卡布奇诺和肉桂卷，我的失望与愤怒快要爆发了。

气死我了，我把电话和钱包放到了车顶上，这样我才能把凯特放到后座，帮她系好安全带，然后自己钻进车里，嘴里吐了两句"三字经"，我希望凯特没有听到。带着怒气，我开上了车道。开出两个路口后，我才回想到我刚刚做了些什么，我摇下了车窗，沿着车顶摸了摸。什么都没有。我咆哮着把车停到了路边——我的电话和钱包都没了。

所有的麻烦瞬间涌入我脑海：没有身份证我们明天早上怎么登机？我的那些信用卡怎么办？我手上没有现金。没了电话，我又怎么联系唐纳？我带着凯特沿着原路回去寻找。只不过两个路口之外，它们能到哪里去？我不知道。我变得非常愤怒并且失控了。

当时凯特试图控制她的恐惧，用担心的口吻问道："妈妈，我们该怎么办？"

"我不知道，我们没钱，没电话！"我吼了回去，完全没有顾及她，因为我把注意力都放在我们所处的混乱中。"我们回到车里去。"是我唯一能想到的，她急匆匆地跟上了我。

回到出发处，经过短暂的、不安的、失败的搜寻之后，我们走回车旁。天哪，看哪，雨刷器下面，压着又一张罚单，因为我这次压根儿就没有往计价器里投任何钱。我应该得到一个怎样的教训？

我再次大叫，完全沉浸在自己的世界里，根本没有意识到我的行为带给凯特多么大的困扰。她哭了起来，用自己的方式表达她有多么害怕，她说："这是我一生中最糟糕的一天。我们变穷了，我们该怎么办？"她能看到的是我们将会被踢出比佛利山庄酒店，穷困潦倒，并且没法回去纽约了。

在她说我们变穷了之前，我没能意识到她的恐惧程度有多深。当我说我们没钱了，她以为这指的是我们完全没钱了，她以为我把全部财产都放在了钱包里，而现在钱包不见了。

凯特那可怜脆弱的样子，让我控制住自己的情绪，冷静下来，理顺当前的情况。我向路人借了手机打给唐纳，让她来接我们。我找到了一个警察，他允许我们免费把车停在路边，去经过的几个路口再次寻找。

我找回了魂后，立马有了另一个想法。我借了别人的电话，来打自己的号码，两个街区之内的著名的Nate'n Al Deli饭店的女招待接了电话。当我赶到那儿拿回电话的时候，他们告诉我，是一个流浪汉把电话送了进来，他以为是饭店的客人丢的。

我在饭店外找到了这个流浪汉，向他表示感谢，并告诉他我通常总会给些酬劳，但是我现在没钱，顺便问一下，他有没有看见我的黑色钱包？他说他没看见钱包。我不确定我是不是真的相信他的这套说辞，但是，嘿，我是那个把钱包和手机放在汽车顶上的人，我凭什么评判他人？这里是洛杉矶！

顺便说一句，他是我见过的最帅的流浪者，有可能他是个不走运的演员，从那年开始，我开始关注流浪者这个社会问题。

唐纳和我们会合了，并给了我些钱。我们试图尽量完成这天余下的安排，而我正设法安排联邦快递把我的护照连夜寄过来，如果护照不能及时送到的话，我们可能要改航班了。

当晚，当我回到酒店的时候，我接到了附近一家店主的电话，他在把一个空垃圾箱从店后小巷拖回店里的时候，在里面找到了我的钱包，就在Nate'n Al Deli附近。他在钱包的夹带里找到了我的酒店房卡，并推算我是名游客，因为我有纽约州的驾照。他坚持要亲自送来。尽管现金没了，所有的信用卡都还在，于是，一些对人性的信任随着钱包一起回归了。

这是我育儿生涯中最无地自容的时刻。凯特记得这件事，但是既不感到亲切，也没有任何戏剧和幽默的感觉。我烦透了自己，为我所犯的错，为我完完全全的失控，并且还吓坏了凯特。

讽刺的是，这场闹剧的起源很容易被人轻易遗忘。这并不是我们公司，我的事业或生活的生死时刻——我甚至都记不得那支"肇事"股票的名字了，让我无法忘怀的是我没能控制住自己。我毫不吝啬地向凯特道歉，而她只想让此事就此打住。但真相是，再多的道歉都不够，我根本不应该让这一切发生。

每位家长（包括我，尽管有前面提到的故事）都懂得，要控制住自己的情绪，来疏散孩子的压力、紧张或是忧虑。谁不曾为了不破坏和孩子相处的美好时光，而努力隐藏与配偶间的恶语相向和紧张关系？如果你知道不让你的情绪肆意发泄是对的，如果你能让孩子避免接触由你情绪化的反应所带来的负面影响，那你为什么不尽你所能，让你生活的其他部分也与之隔离呢？

当男人分隔情绪的时候，他们控制了危害。这听起来冷酷无情或者工于心计，但是它至少有两个作用：（1）没有危害到你生活中与其无关的部分；（2）这使得你能够冷静地思考问题。

作为女人，我们的强项就在于洞察自己的情绪，并把它与周围人的情绪联结起来。这使我们显得不仅热情而且直观。我们能知道我们的孩子们想要什么，尽管他们有时候表达不出来。我们知道怎么陪伴我们的女性朋友，要善于聆听而不是试图解决。但我们并不是想要放弃情绪，没有必要这么干。

尽管我还没能学会控制情绪，但自上次丢失钱包事件以来，我一直在努力改进中。我对自己说："让我们把情绪隔离出来，具体问题具体分析。"以理性思考来处理任何可能发生的事情都不会有错。

很多女人会反驳："我就是没法装作什么事都没发生。"好吧，如果当时英国女王走了进来，你能不能更好地控制下你那洋溢的情绪？答案当然是肯定的，你能控制得住。我们有控制情绪的能力，有时候我们只是没能产生出那种欲望和正确的智力反应去这么做。

把你的情绪表达想成是你儿童时代到成人阶段的一个连

续状态,小时候会为了一块破碎的饼干而发脾气,现在你能应付生活中的许多挫败,并且能够控制住自己。你有责任,也有能力来进行分隔。你和爱你的人都将会变得更幸福。

如何控制情绪:

◆ 用夸张或者自嘲的事实来平息自己。我从来不会做数到十这种事情,这只会让我更生气。告诫自己需要冷静也不管用。有些底线一旦被跨越,任何人都会被激怒,包括我在内。用夸张或者低调的讽刺来重构问题是我最好的武器。说到我丢了钱包和手机这事儿,我现在极有可能会说:"哦,这是我有生以来碰到过的最糟糕的一件事,比癌症或破产还要糟糕。"或者"好吧,这件事不是特别好办"。

◆ 别再允许自己情绪失控。作为成年人还发脾气是不得体的,是以自我为中心的表现,并不能展示你的力量。如果必要的话,给自己叫个停,或者假装有个重要人物正在看着你。

◆ 不要再赌咒发誓了。这是放纵的开始,会令你很容易就背弃誓言。

◆ 试着想象这个问题一小时过后会是怎样,一个礼拜呢,一个月呢?

起起伏伏:鞍点

一段人生总有我喜欢的阶段,考虑到我有着书呆子般的数学能力。这就是我所谓的鞍点。我会先解释这种比喻然后讲讲它代表的阶段。

想象一个真正的马鞍，它围绕骑士和马背的弯曲方式。鞍点是两条曲线交接的那个点。它位于中间，是两条轴线的交点——一条是贯穿马鞍前半部分和后半部分的曲线，另一条则沿着马背向下滑，与马镫同一个方向。大自然中也存在相同的现象。在山道上，鞍点就是两山谷间的最高点和山脊的最低点。

在数学上，这两条曲线的交点是拐点。在生活中，我把它看作那些真实而又稍纵即逝的时刻，当一条人生轨道的高点和另一条带你走向新方向的起点重合。

我们人生的每个阶段总有它自己的轨道和拐点——当事情变化时，人生曲线的高点和低点重合。浪漫先会升到爱和亲密的顶点，然后放缓，冷却，分崩离析或者转化为简单平静的生活。就像波状的丘陵地带，山峰与山谷连绵不绝，经常我们会分不清楚自己的确切位置。

我现在就处在这样的一个点上——从一个顶峰到下个顶峰的冒险途中。我学到了很多，无论是生意、抚养孩子、婚姻，还是作为一个朋友、女儿、姐妹和老师。然而我对于我下一个人生阶段还有很多东西要学。我到达了我职业的顶峰了吗？还有没有其他的一些即将到来超出我想象的成就、交易或是机会？作为家长，我最好地完成任务了吗？——显然这一时刻临近了，因为尽管我们永远都是母亲，但我们塑造孩子的努力很可能比我们想象中结束得早。作为妻子和伴侣，我做到最好了吗？我希望没有，但是我能肯定地告诉你，我身体的某些部分曾登峰造极。

然而我对于新奇的事物感到兴奋———种对转变方向的激动，或者是一种对处于曲线部分的渴望，把我带离现在的舒适环境。在如今这个鞍点处，一方面我感受着成熟与快乐，而另一方面却是苦乐参半，对未来有一点迷茫。我不知道我下一次高峰在哪里，但是我拥有对上一次高峰的甜美回忆。

不久前，我的前同事希尔达·斯皮策策划发起了一场以女性和金融为主题的晚会。该晚会在备受青睐的坐落于纽约市92街Y号的一个高级文化社区中心举行。活动前期准备工作进行了好几个月。这是一场三个女人的座谈会：亚历山德拉·莱贝撒尔——她在和她的父亲联合创办经营一家金融咨询公司之余，仍然抽时间当好三个孩子的母亲并且频繁活动于上流社会；苏西·欧曼[1]——每个人都知道谁是苏西；还有我。

就在活动临开场前，苏西突然严重腹痛，急速送往医院后被确诊为急性阑尾炎。没啥好说的，她没法参加这次活动了。谢天谢地，就职于全国广播公司《今日》栏目的吉恩·查兹基答应来补这个缺。

---

1 全球著名理财规划师，具有从月入400美元的女服务员到知名理财天后的传奇经历，著有《九步达到财务自由》等理财书籍。——编者注

似乎还嫌这场活动不够多灾多难似的，天上开始下起了雨，并非蒙蒙细雨，而是倾盆大雨，只要是有脑子的正常人都会选择留在家里。我确信我们精心策划的这场活动将因门可罗雀而以失败告终。在我的惶惶不安中，我想象到场观众只能是那些来躲雨的人，顶多还有一些胆大的受邀者，比如我母亲和我那些不得不到场的同事。这对于我们大家来说都将会是一件非常难堪的事情。

然而，出乎我的意料，前来参加活动的人竟然络绎不绝，我长舒了一口气。看来一个诸多不顺的夜晚并不能阻止人们出行。

我那自豪的母亲和她的丈夫卡尔坐在了第一排的贵宾席（我父母在我读大学的时候离婚了，她在1998年嫁给了完美先生卡尔·赫特曼）。在活动开始前的几个星期里，只要有人一句话中用到"Why（Y）"这个词，她都把它当作一个合适的契机来提及她女儿将于6月10日在92街Y号做演讲。

吉恩·查兹基用她那风趣、温馨的故事深深地打动了包括苏西的铁杆粉丝们在内的所有人。她分享了她金融事业上的起起伏伏，如何变得井井有条，并开始教导女性如何摆脱财政困难的经历。亚历克斯（亚历山德拉的简称）讲了她祖母的故事，这位曾在华尔街工作的先驱还在一直给她以灵感。每天在公司，她就坐在她祖母曾经坐过的办公桌前指导她的客户（大多数是女性）如何理财。她让我们都渴望能有机会在那张办公桌前与她谈上个把钟头,哪怕能吸取一丝丝她们的集体智慧也好。

在我看来,我的角色就是负责搞气氛,以及传授一些我在华尔街从业超过二十年所积累的知识。这些知识不仅和投资公司的业务有关,还包括理解投资者的心理状态如何影响金融决策。我还想传达这样一个信息——女性也应当去华尔街工作,虽然那里给人们的印象是一个专属于男人的世界。我的逻辑很简单:没有一种职业是不伴随着风险的,所以你应当去赚钱多的地方。

座谈会的气氛非常活跃,听众们个个都听得全神贯注,而我们三个人也配合得天衣无缝。效果好极了!观众的问题也非常有见地,有些很有趣,有些非常狡猾。亚历克斯、吉恩和我很轻松地掌握着谁来回答什么问题的节奏,我们可以一直这样进行下去。

我们给前来参加座谈会的听众交了一张满意的答卷:他们不但见识到了掌管财政的女性,而且也意识到她们或许也能如此。

活动结束后在和与会者的互动中,我对一些祝贺表示了感谢,回答了几个问题和一些求职申请,与一些对于自己的生活故事有着强烈倾诉欲望的人进行了交流,尽管他们后面还排着很长的队。这种情况经常发生。我看向我的母亲,她已经高兴得不能再高兴了。很多次我向人介绍她,她总会收到很多类似"哦,你一定非常自豪"之类的感叹。

当工作人员开始关灯的时候,母亲、卡尔和我取了衣服走向了依然下着倾盆大雨的室外,准备打车回家。饭店都打烊了。我之前由于太过紧张以至于什么都吃不下,并且我穿的礼服又是非常塑身的(另一条不进食的理由)。因为实在饿惨了,我问我母亲能否在星巴克或者其他什么地方停一下买点东西吃。在纽约,星巴克总是隔几个路口就有。我们走进了店里,抖了抖我们的大衣和雨伞,点了三明治和饮料后,找了张桌子坐了下来。

我们聊着今晚的活动,我母亲对我实施了一轮又一轮的问题轰炸:"她就是那个宾大毕业的吗?""坐在我后面的是不是就是以前为你打工,后来有了小孩就辞职的那个?""那个就是你电视节目的制片人,对不对?"她非常关注我的生活,所以对我的一切了如指掌。使她愈加兴奋的是,所有的一切都发生在Y号会所,只有一个真正的犹太母亲,才能理解她这种喜悦。

吃完后,我们再次回到了雨中。在这个出租车稀少的夜晚,我们唯一能做的就是配合着我母亲那70岁老太太的龟速,慢慢地步行回家。我母亲是我认识的女性当中唯一一个会谎称自己年龄比实际年龄大的。她是这样考虑的,你或许对自己的年龄无能为力,但是你能使别人认为,与其他同龄人相比,你看上去相当年轻。自从她65岁生日过后,她就常常说:"我都70岁了,你还想我怎样?"

我非常明显地感觉到,在过去的几年当中,不知怎么的,我俩的角色颠倒了。现在是我在照顾她,这是我应该做的。我不记得具体是从何时起我们的角色开始发生转换的,但我知道它已经发生了一段时间了。在我有自己的孩子之前,她仍然是一家之长。但自从我有了孩子以后,事情发生了改变。起初只是细微的转变,而后不知怎么的,我明显感觉到角色调换变成牢固而长期的了。我意识到,我对她的担心超过了她对我的。我担心着她的健康,她的财政状况,以及她的安全——天平开始倾斜了。

我并不介意走路会磨坏我的后脚跟。我们同撑一把伞,卡尔走在我们边上。我们一起朝着他们居住的、离这里八个街区的公寓走去。我把他们送到了门口,交到了门卫手中后才独自离开。从他们公寓到我住的公寓有几个街区的路程。在雨中,这段路程给了我安静思考的时间。我意识到母亲给予了我太多的东西。她教导我、鼓励我,逼我独立自主、自力更生。她做到了。我和她所有的女儿都没辜负她的希望。

一年后,我的母亲因为一次严重的感染而忽然离世。我还没来得及把我的心里话都一一告诉她,甚至最后一面也没见上。最近,我沉浸在痛苦的低潮中,非常想念她。我已经不能再待在母女关系的那个鞍点了,在那里,我既是我妈妈的孩子,也是我孩子的母亲,有时候这被称作中间地带。

我很希望她能在这里和我谈谈心，给我意见（好的或是坏的），和我一起迎接人生的下一个挑战。

但我也知道我会一切顺利，是的，我能够做到随遇而安。让我再多回味一下那个时刻吧。

第9章
有时你要宽容待己

别再浪费时间夸大你的认知不足了,你不可能什么都做。所以,为什么要为不可能实现的目标而责备自己?难道你会奢望自己的老公无所不能吗?那么,为什么要这么为难自己呢?你必须学会如何宽容待己。设法给自己留一些自由呼吸的空间,把你力所能及的事情做好。然后,当你发觉那些"不足"的时候,再去适应它们。

作为一个在职母亲，你最不需要做的一件事情就是为难自己。作为一个全职妈妈，你最不需要做的一件事情也是为难自己。作为一个20多岁、没有工作前景和另一半的人，你最不需要做的一件事情仍旧是为难自己。

所有人都被很多必须要做的事情压得喘不过气。当你试图应付来自家庭和自身的各种不同的责任和需求时，你别再力求根本不可能实现的完美主义了。你会让自己失望的。

别再浪费时间夸大你的认知不足了，你不可能什么都做。所以，为什么要为不可能实现的目标而责备自己？难道你会奢望自己的老公无所不能吗？那么，为什么要这么为难自己呢？你必须学会如何宽容待己。设法给自己留一些自由呼吸的空间，把你力所能及的事情做好。然后，当你发觉那些"不足"的时候，再去适应它们。

你应当保护自己免受那些期望所带来的伤害，来自自己的和其他人的，允许自己在某些方面不必那么完美。我曾经说过：

> 保护自己，就像保护你的宝宝一样——因为作为一个成年女性，你再也不是任何人的宝宝了。

如果你正处在崩溃边缘，不妨看一看有什么是你能够改变的，事情不会一成不变。研究表明，我们人类在预测未来和摸索未来方面非常无能。尽可能地使事情简单化，放低你的标准。差不多过得去的话，你就睁一只眼闭一只眼吧。那样做没什么可耻的。你会挺过当下的时刻。

多任务处理其实是无任务处理

近年来，我在多任务处理的观念上来了个180度的转变。"多任务处理"这个概念根本就是错的，它诱使你走向失败。当你试图应付"所有事情"的时候，你只是在不断地重复你做过的步骤，从一个项目到另一个项目，从一个想法到另一个想法。当你给自己越来越多的压力时，你实际上在浪费更多的时间。你同时做的事情越多，你浪费的时间也就越多。

当你同时做很多事情的时候，你认为自己很有成效。但是，其实你只是在自欺欺人罢了。每次转换工作的时候，你必须回溯过去，回想之前完成到哪一步了，接下来应该做什么。你几乎要花两倍的时间在部分工作上。另外，因为你同时进行多项工作，当一些错误出现的时候，需要你花更多的时间去处理。最后，当你继续追加更多的工作后，你也不会感到把事情从你待办事项里移除时的解放和舒爽。

那么你该怎么做呢？别再想要成为一个女超人了，做好以下几件事：

◆ 整理好你的思路。什么是处理这项工作或项目的最简单、最不麻烦、最轻松的方法？把自己当成一个幼儿园小朋友那样引导自己，分步解决。把一切使注意力分散的事都当作敌人。别受邮件提醒，或是上一通电话或要求的影响。否则，你最容易处理的工作也会变得无比庞杂、高难度、高风险。你不希望你最重要的工作搁置下来吧。

◆ 做一小块。在一项谨慎的工作上花哪怕20分钟或是1小时，也能使那个项目有所进展。在等待期间找些事情做。当你在牙医诊所、医生办公室或其他地方等待的时候，总是带些东西去做。我通常会随身带一些股票报告去看，或是感谢信去写。如果你赶着写完几份手写便笺给你想念的人，你将会感到极大的成就感。

◆ 一个可以接受的例外。你可以试试我母亲独特的多任务处理实例：她过去常常边洗泡泡浴，边把文胸和内裤浸在浴缸里，这样一来就不用之后再在水池里洗了。

不执行计划：给自己喘息的时间

你能胜任更多工作并不意味着你就要去做。女性高估了拒绝别人的负面影响——同时低估了顺应自己内心想法的正面影响。我完全赞成接受严峻的挑战，把目标放在更大的胜利、远大的抱负和巨大的成功上。但是，我并不是任何事情都答应做的。（我过去常常发现自己充满愤怒。）

我不做饭。我不知道怎么做，也不想花心思去学，也不会因此而感到内疚。我不介意收拾，但我绝不做饭。我并不在乎自己是不是全能的女性，既上得了厅堂又下得了厨房。我没有自己的拿手菜。甚至有很多烧菜的动词我都不知道是什么意思：煮和炖对我来说太微妙了。我不在乎孩子们取笑我，我最小的女儿凯特常说："我无意冒犯，妈妈，但……"可下文总是一水儿的冒犯，诸如"你是个可怜的厨子"之类。

但我怎么也不会变成全能的，所以我们雇了桑德拉，我们的女管家，她经常做饭给我们吃。但是如果没有她的话，我会想其他办法来解决这个问题。

我们住在纽约市，所以我们经常叫外卖。在周末或是休假的时候，如果我们不外出，劳伦斯或许会做饭。随着孩子们渐渐长大，他开始教他们烧一些基本的菜式以及做菜的技术。我很欣慰，他们长大后会知道如何炒蛋和烤鸡。但我更开心的是，我不用把做饭加在我的待办事项里，或是"有待加强"的技能清单上。

我不会做衣服、用卡纸折出一个村庄、做字形纸板、用电棒帮儿女烫卷发（虽然我曾学过编法式辫子，那可能出于我在十几岁的比赛生涯中学到的对网球的审美观）、捏泥人或是打扮。可我觉得没什么。我不会任何乐器、不会唱歌或是搭帐篷。无所谓，我并不感到愧疚，我从不打算使自己成为别人眼中理想化的母亲。

我找到了自己在行的东西,并做得有滋有味。我和杰克还有凯特玩橄榄球,和露西逛街,带威廉在公园滑滑板车,组织特别的旅行,安排亲戚聚会,一遍又一遍地讲他们最喜欢的马克叔叔的蠢事(比如,有一次他鼻子上插了热狗香肠),以及教给孩子家庭的意义。

我建议:

找出什么是你做得差劲的,或是讨厌的,然后就此放手。

我的朋友珍妮特不和她的女儿一起运动,我的朋友朱莉从不教她孩子做数学题。而特蕾西,经过几年勇敢地尝试着和她婆婆相处,最终告诉她老公,让他一个人带着孩子们去看望他母亲。她早该知道有问题——当年她婆婆在婚礼上就突然崩溃。老太太伤心落泪,表现得非常不开心。在举行仪式的时候,这一切都被摄像机绝妙地捕捉到了。

我们能从商业界学到点东西:

把你做不好的东西外包出去;尽量利用你的竞争优势。

我发现,当我大声说什么的时候,它就会变得更加重要，然后更有可能会实现。决定一件你"不做"的事情，然后让你周围所有人都听见这个声明。你知不知道甜蜜清单？上面列着女人给她们的老公周末安排的家务活。很好，那么给自己列一张不执行清单吧，你会觉得如释重负。你可以随时改变清单上的款项，但是接受——甚至申明——所能承受的上限的权力掌握在自己的手里。

有一个十分有效的方法，那就是从找一个"周而复始"的工作开始。比如说，学校的联系网络。你只要一次把系统设置好了，然后每年9月你就知道需要做些什么事情了。无非是稍稍改进一下技术。

选择某类你喜欢的，又适合送人的礼物。（送礼是不是生活当中让人感到压力很大的一件事情？然而，却没有人承认这一点。）我的一位编辑朋友总是喜欢送书，送《晚安月亮》和沐浴书给小宝宝，送最新的历险记或是明星厨房的烹饪书给女主人，还有节日礼物——香奈儿的5号香水则是个例外，那是专门送给她的女性朋友，庆祝50大寿的。

你有没有过承担孩子学校的某个项目，然后忙得没时间陪孩子？

多傻啊！如果你是一个在职妈妈的话，不是一个烘焙高手就算不得什么失败。

内疚不是你的朋友。

让别人去内疚，你不必耿耿于怀。只需要记得感谢那些做糕点的和帮忙售书的妈妈们。叫住她，别怕麻烦，告诉她，她做得非常棒。如果她不是专业厨师，而是像大多数普通志愿者一样，那她可就太厉害了。你不仅不会遭到怨恨，反而她会为此表示感激。

我一个朋友，她主持一个早间电视节目，向我抱怨她进退两难的处境。如何做到既要做节目（要求出差），又照顾刚出生的宝宝和继子女们，还要当好女童子军的领袖，三者到底如何兼顾？我问她，到底怎么会答应做童子军女训导的？积极参与子女的学校活动非常好，但事实上，我认为她这么做会让那些全职妈妈感到不舒服。（但是我相信在这点上还有很多不同选择的余地。）

连续好多年，我被任命为足球队妈妈，意思是协调供应每场比赛的饮料和点心，还有球队队员及家属的年终聚餐。说实话，我试图以赞助队服来逃避这项工作，但是光那样还不够。年终聚餐，我"做"了我通常的工作——那就是什么菜也不做，而是安排提供所有的餐具、盘子、纸巾、杯子、冰块和饮料。如果必要的话，我会主动申请带比萨和沙拉。我非常欣赏我从一个学校听来的点子：活动组织者想出用5种原材料来做菜的点子，并提供配方和购物清单。他们可以添加或改进单子，却能避免竞争和压力，使得更多的人可以轻松地参与其中。

如果你负责类似活动的话，别光放一张签到纸，然后让人们自己选择带什么食物就了事。要把每一项任务分配下去，如果他们愿意的话，可以自行互相交换。否则，最终所有的人都会带甜点，没有人带蔬菜。相信我，因为4个孩子的缘故，我见识过太多这种场面了。

把它列入日程安排

我知道"日程安排"听上去很公司化、很慎重，但是如果我换种说法呢？把列入日程安排叫作"在你的日历上写下你的重要事项"怎么样？两种说法给人感觉或许不同，但是结果一样。

我们家是双职工加上4个孩子，让我觉得编排舞蹈对我们家来说很有难度。但是后来我渐渐明白了，家家有本难念的经。每家都有各式各样的困难，比如，通勤困难，在不同城市工作，小孩有特殊需求，父母有特殊需求以及所有其他的差异和压力。

我记得有一次和我孩子学校的校长谈话。就在我刚生完我的第二对双胞胎：凯特和威廉。她给了我一些很棒的建议，直到今天我还记忆犹新。她说我需要为我大一点的双胞胎分别安排一对一的时间，来帮助他们完成过渡。我决定贡献每周两晚，分别带他们其中一个去外面吃晚餐。很多年了，我们都在差不多5点半的时候，去家门口拐角处的那家餐馆吃鸡柳。

9年过去了，那个传统还继续保持，但是随着那对小双胞胎慢慢长大，他们现在改成轮流制了。所以每个孩子每两周轮到一次和我单独吃饭。（第一周，两晚和大的那对双胞胎；第二周，两晚和小的那对。）我们的亲子晚餐变成了叫外卖回家，在我们家别致的饭厅用餐，就在差不多晚上6点半到7点的饭点儿。这个相处方式对我真的非常重要，能让每个孩子都知道他们有自己专属的亲子时间。

　　尤其对于大一点的双胞胎来说，现在就寝前冗长的惯例变成了简短的晚安吻，晚餐就成了讨论所有事的时间，从学校的情况，到他们长大后想做什么，再到我为什么要工作。我经常缺席热闹的家庭晚餐，有时想想晚上与我讨人喜欢的一群孩子在一起，会使我感到宽慰，他们不能正确地使用餐具，说起话来对自己的音量完全没有概念。我知道我们的安排很奇怪，但是它对我们却非常奏效。

　　对于我在意的所有事情，我都把它记录在日程表里，无论是和孩子们的亲子晚餐，每周六和劳伦斯的约会之夜，周末游戏，汇报演出，学校活动，和女孩儿们的春季大采购，还是和男孩儿们在公园打棒球（或是女孩儿们，我们努力使他们模糊性别概念，并保持我们家对运动的热衷度）。劳伦斯教会了我这个。如果它不在日程表里，那么它就不存在。

　　你不能希望计划就这么实现了；你必须做些什么去实现它们。

无论是每天的活动、特殊事件,还是休息下来去计划和思考你的人生、对孩子的目标,如果重要的话,那就把它写进日程表里。

把它列在清单上

当我提到清单时,有些人会用邪恶的眼神看着我。我可能也会鄙视自己,直到我成为一名清单的虔诚皈依者。如果你真的想成功并且想使生活变得更简单而不是更艰难,你必须学会列清单。任何形式的清单都可以,从手写的便条,到谷歌的文本文件,或是劳伦斯最喜欢而我最讨厌的Excel电子表格。没有什么比找一个地方收集愿望和必需品更棒的了。清单迫使你去整理、简化、优先处理和在真正意义上做决定,而不是把什么都强记在脑子里。

我最近遭遇了尴尬,当我送花到公寓给劳伦斯庆祝他生日的时候。卡上写着:"我有一打的'好事'要在你的生日时对你做,么么哒[1]!——卡伦。"不幸的是,这张卡被插在了花上面,并且没有信封,任何人都能看见。这事儿使我们的女管家桑德拉几乎不敢直视我的眼睛。

---

1 亲吻的象声词。——编者注

C. K. 主义方法论之六

清单的清单——来自劳伦斯

1. 紧急清单——把它贴在厨房的电话旁,并且打印出一份给你的保姆(或自己)带在身边

2. 日程——用颜色划分家里的每个成员,贴在厨房的软木板上

3. 提前打印购物清单——包括午餐等,在打印纸上列出我们喜欢的所有食物/用品。当我们用完某一样的时候,你只需要在那样东西旁边写上所需数量就行了

4. 礼物清单——家人、好友、小孩的生日(哪怕是电话或卡片提醒)和想庆祝的重要纪念日

5. 打包清单——是热天(海滩)的度假,还是冷天(滑雪)的度假

6. 科技清单——电池,充电器,连接线……

7. 家庭维修和项目清单——安排预算,着手任务

8. 交际和娱乐清单——参与计划的人,研究旅行和度假,安排预定

9. 灯泡清单——灯具型号和存货量。在这点上,劳伦斯有些走极端了

10. 密码清单——这个显然要放在安全的地方

把朋友放入日程表里

我从我母亲那里学到的最重要的经验之一就是终身友谊的价值。没有什么可以代替它。和密友们在一起，我们能无拘无束，不用再证明自己，可以互相安慰。你可以完全自由地跟她们分享生活中的顺境和逆境。况且，丈夫，至少我的丈夫，做不到面面俱到。这不是对丈夫或者另一半的批评，这是对所有男人——直男的批评——至少是在作为女性朋友的替代品这方面。

我有幸能在这一生中拥有一群相处超过30年的女性朋友。我们性格迥异，早在70年代的小学和80年代的高中时期相识，并一起经历了所有的事情。不止一次有人经历父母去世、结婚、生子、离婚、事业上的成功和失败、机能失调、觉醒、抑郁症、癌症、新的恋情、新的外形、旧情复燃，还有失去挚爱等重大人生转折。很多时候，当我们在一起时，我们微笑相对——笑自己，笑这个世界，笑生活的艰辛。

你不能低估朋友的可靠性。还记得当你试图东山再起的时候，你所需要的知己吗？还记得当你脆弱时，你向谁倾诉吗？请努力抑制声称你没时间去维系友谊的冲动。我喜欢这句几年前我听到过的话：

"如果你忙得没时间去帮助朋友的话，那么你真的忙过头了。"

友谊的积累是建立在时间的基础上的。那就是为什么大学是体验情谊的最佳时期。所有的那些共同度过的时光,聊天到深夜、一起吃饭、看戏和冒险,这些都是无法替代的。

再后来,当孩子越来越大,生活越来越繁忙时,就很难建立起新的友谊。如果你参加孩子们的学前班生日派对,那么在周末你就有几小时时间用来和其他家长聊天和交际。珍惜那个机会。你这一辈子,朋友圈子可能会改变,但是每个都非常珍贵。

不是所有的朋友都能或是必须做到十全十美。很多人都有一些酒肉朋友,他们很风趣,和他们在一起,你会感到很开心。但是当你处于低谷的时候,你往往不会找他们帮忙。很多人也有"坏天气"朋友,当你陷入危机需要帮助的时候,他们能真正向你伸出援助之手。但是当雨过天晴后,他们就会变得不自在。这些朋友都可以结交,但是你需要两者兼备的密友,礼尚往来,对某些密友,你也要做到两者兼备。

朋友的安慰,以及允许自己"宽容待己"和做自己,如今有了一个新的诠释。朋友的作用就是要告诉我们事实。这就是老朋友的特殊之处,他们可能认识我们的父母,知道我们的籍贯,以及了解早期伴随你成长的人和地方。他们是我们的捷径,和他们在一起,我们能够畅所欲言。

朋友的价值在于，他们能告诉你一些你不想听，但又不得不知道的事情。有时，我选择不去那么做，因为我不想他们伤心。在大事上，我这么做是不对的。我并不需要，也不想别人事事都迎合我。在工作上，我也不赞成这样做。（不过，如果我的孩子们能少顶嘴，那真是谢天谢地了。）当他们告诉我我搞砸了的时候，我会非常感激，并且会听进去。

要想保持友谊，那就做一个好的听众。聆听，聆听，聆听你生活的每个角落：你的工作，你的关系，你的孩子——每个地方。

制订和搅乱计划

朋友不会为难你，如果他们知道你介意的话。但是孩子却不一样。你的压力和内疚会更大一些。况且，孩子需要我们——且需要信任我们——比我们所了解的程度还要深。

但那并不表示我们一定要参加每一场演出、比赛、家长行动会，或是新的传统——学校亲子体验（我个人最不喜欢的一项）。

拥有双胞胎却极少被注意到的一点好处是：在返校之夜，每个老师都以为你在另一个孩子的教室里。一次，在我们参加完第二对双胞胎的又一个教学之夜后，我和劳伦斯一想到还有另一个热情洋溢的"进一步了解你"的环节，我们就想退缩了。我俩差不多手脚并用，一路爬过走廊，只为避开二年级教室那半人高的窗口,逃进我们泊在停车场的车里。

你不能指望参加每一项活动,那么,就从根本不予考虑的那一项开始。我试图提前计划我能参加的活动。在赛季刚开始,我和我的孩子们会过一遍比赛日程,让他们选择要我去观看哪几场比赛,有哪几场是我有时间去的,然后我按照他们的选择安排日程。这样做解决了两件事情:(1)因为比赛提前安排进了我的日程表,我通常可以对它们进行安排,不必在最后一刻想办法;(2)因为孩子们对那些我无法出席的场合预先心中有数,那么,即便我做不到次次到场,他们也不会感到失望。

如果我去不了,我会想办法找后援,从劳伦斯开始。因为我们有4个孩子,我们很多时候都会分工和迁就。我记得在一个星期六的早上去观看足球比赛,教练告诉我,他在一个星期前碰到了杰克的父亲。我注意到他在说"杰克的父亲"时的方式很奇怪,或许他忘了劳伦斯的名字。于是我说:"所以,你见到了我的丈夫,劳伦斯。"他听了这句话,回答我:"哦,我以为你们离婚了,因为我从来没有见到过你们一起来。"

这对我几乎是当头一棒!

我从来也没把自己看作单身妈妈,或是那种为了养育孩子、维系家庭而共享监护权,在分手后仍扮演夫妻档的人。

这个想法让我一愣。我很快对教练的这个新见解表示感激,然后向他解释:"我们是夫妻。如果你有4个活泼的孩子,那么周六就只能这么办。"我意识到我们总是分开,因为只有这样我们才能去更多的地方。我们几乎从未一起去任何地方。事实上,纽约市的出租车坐不下6个人。但是对于我们来说,这个方法很奏效。你也找找看哪种是适合你的。

当我们都没有空时,我会提议几种补救方案:祖父母、外祖父母、阿姨或是叔叔有没有空?这个活动是不是录了像的,我事后能够补看?他们能不能在家穿着戏装为我再表演一遍?

假设没有后援,没有其他选择,也没有办法补救——这种事生活中很常见。我会试着早早地告诉他们,然后计划在那之后找一个特殊的时间,一起做一些有意思的事。我会把那个特别的活动安排在我错过的活动之后,那样他们才能有所期待。当我对他们失信了,我会让他们知道我非常抱歉、我很内疚,我知道他们也很遗憾。

我最不想做的就是欺骗他们,让他们期望我的日程安排会改变。我觉得那样做只会把失望的时间拖延得更长。我发现,对于我的孩子,满足他们的期望比什么事都重要。坚定和公开让我们如释重负。

所以,尽你所能地去改变,接受你不能改变的。

要是你完全搞砸了会怎么样?你食言了;你错过了你说你要参加的活动;你的会议拖得太长了,所以你迟到了;你没有提醒你的小宝贝带某样东西去学校；你完全不记得去做你说过要帮忙做的事了。

以下3条策略，每条我都用过：

1. 考虑一下，编个善良的或是大胆的谎言。这个高风险的策略只能有选择性地用在小一些的孩子身上，取决于他们的年龄和实际情况。你可以骗他们说你去看了，或是说你看了一部分，从你的配偶那里或是其他家长那里打听点细节。也许当你在停车的时候他们阻挡了一记射门。有时你必须要试试。

2. 老实地承认你迟到了，或是错过了某个场合，但是要把所有的重点都放到活动上。聚焦于激动、失望，或是难忘的细节，越详细越好。复述所有你看到的有关他们的一切。在复述时，表现得仿佛你就在那里，你可以拼凑出一个记忆。

3. 认真地道个歉。简单解释一下发生了什么事，对你有什么影响，然后制订一个计划来弥补你的过错。比如，提出陪他们出去野外考察，如果你们不常去的话，那样会显得比较特别。如果可以的话，请半天假，去学校接你的孩子放学，然后去一次和错过的活动有关的远足。检查一下你下两个月的日程表，看看能不能避免错过或是提前安排下一次活动。

C.K. 主义方法论之七
在职妈妈培养孩子的10条个人准则

（尤其当你有不止一个孩子时）

1. 把一对一的时间列入你的教养哲学。（注意上面括号里提到的内容。）如果可能的话，把他们单独带出去，哪怕只有一晚。他们会永远记住这一晚，你也会。

2. 制定一个惯例。无论是什么——洗澡时间，在公园散步，生日传统，假日庆祝。如果你听听你孩子怎么说（"这是我们通常做的"），你会发现你们的惯例比你想象得更多。

3. 向你孩子道歉，如果你没有出现，这么做意外地令人消气。（对你的老公也奏效哦。）

4. 让孩子们清楚，地球不是围着他们转的，你也不例外。

5. 做好至少陪每个孩子去一次急诊室的准备。

6. 每年一次陪孩子们郊游或是让他们去别人家过夜。你会从他们的谈话中学到很多，或是从其他父母那里得到很多内幕消息。而你的孩子也会非常希望你能在那里，好向你卖弄。

7. 让他们多看见你笑的一面；尽量别让他们看到你哭——不是永远都不能，别经常在他们面前哭。

8. 让他们了解，你和你的父母或是另一半的关系对你很重要。

9. 在晚上7点到9点期间（或是任何一个你觉得合适的时间段）别接电话。

10. 宽容待己。你会成为一个更好的、值得你孩子学习的榜样和一个充满更多爱的快乐的人。

向别人学习，尽可能地吸收我们母亲的智慧

怎么应对孩子是个过于庞大的话题，我的总结是：寻找一些简单的、适合你的方法。直到我相继成为母亲和老板——由此而无师自通——我才明白从我母亲嘴里说出来的那些古怪的话，其实是她一直灌输给我们的"简单的人生哲理"。它们被加了密，直到我开始为我的孩子们——尤其是我的女儿们——寻找更深的智慧和指导的时候，我才发现如何破译密码。

以下5个人生道理可以让你运用一些你尚未意识到的或是还没有在你和你的家人身上实践过的智慧。在内容上，我结合了我母亲说过的和做过的，以及自己的理解和补充：

第一个道理：每晚，我们都要围坐在餐桌前就餐，母亲会宣布："行为礼仪学校开始上课。"她的意思是：礼仪的重点不在于使用正确的叉子，而是在于待人亲切有礼，随着圣人的楷模而行——或是在她看来的"像杰奎琳"那样。

第二个道理：在孩子睡觉的时候清理他们的房间。这条旨在训练他们在任何环境中都能安然入睡。撇开培养孩子别那么挑剔他们的周边环境不提，她所要表达的是：学会集中精神，别让噪音影响你的目标。

第三个道理："带伤上场"——马上回去比赛。受点伤死不了人的。她的意思是：你能挺过去的，别在逆境和挫折面前放弃。

第四个道理：她常会说要给孩子"足够的幸福"。这条很复杂，直到我有了孩子，常要用物质给孩子带来快乐的时候，我才真正明白。所以这个道理是：足够的物质。她的意思是：给你孩子足够的物质条件，但别太多。太多的话，他们会不懂珍惜。

第五个道理：这是给家里的女孩子们的。"当你染发的时候，让他们把你头发颜色染成真正的金发；这并不比染成别的颜色花更多钱。"她要表达的是：要染就染成鲜明纯正的金发；你不需要多付钱，而且漂亮的金发能使你的整张脸更富有生气。

第10章
你的钱财你做主

拥有属于自己的钱。对这个观点千万不可掉以轻心,也不要认为它只适用于其他女性而不适合你。

为什么要有自己的钱?为了买你想要的东西是一个显而易见的原因。无论数额是多是少(就现在而言),它都是你的钱,你可以任意分配、花销,或是存起来。

你永远都不会让其他人，比如你的男人，单方面地来决定你住哪里、穿什么、送你孩子去哪儿上学，或给谁投票。那么，你为什么要放弃你的经济大权呢，既然它影响着你生活的方方面面？

换种思考方式，如果你被诊断出得了乳腺癌，你会不会对你的诊断医生说"我不会问你任何问题，也不会费心研究我的诊断报告或是了解我的选择余地。请您继续吧，医生。你来决定和选择接下来做什么，请别询问我的意见，因为我完全不懂"？或是"医生，请您和我的丈夫（或男朋友）说明就行了。你们俩来做决定，我会心甘情愿、毫无异议地接受你们选定的最佳治疗方案"？

表面上，我举出的场景似乎荒诞可笑——感谢上帝，我们中间只有小部分的人需要面对那份诊断和经历此类谈话。而令人吃惊的是，虽然90%的女性都将在某个时间点执掌起家庭的财政大权，无论原因是配偶死亡、离婚，还是疾病等——坏事每天都在发生——然而，女性之中，宁愿把头埋在沙子里而不去承担很可能必须要去承担的经济责任的人比比皆是，并非少数。

自己的钱才能带给你自由——无论多少

"拥有属于自己的钱。"这是我母亲的口头禅，我从小时候起就一直听她讲。在她看来，作为女人，拥有自己的钱是生活的秘诀。它是生命中最重要的东西，关系到你的自由、欢乐，甚至终生的幸福。

有钱是她对努力工作这个基本信念的延伸。无论她的目光是投向自己的孩子，或是所有我们的"受益于"她普及教育的朋友，或是她教的学生（"不管你想不想，你都得读"），她都灌输给我们这样一个信念，那就是永远力求更上一层楼，尤其是对女孩子来说。也许男孩子们天生更懂这个道理。

她的经验之谈如下：

> 在金钱上取得成功是成功的重要定义之一，幸福也会随之而来。

"拥有属于自己的钱。"这听上去很简单，但是有些人根本做不到，而另外一些人却做得非常轻松。对我们之前的几代人来说，这个理念很前卫。就女性而言，这个理念如今仍然前卫。哪怕我们见识到自己有钱的好处，我们也可能并不相信我们属于这类人。金钱、财富以及自由是属于"那些"女性的——这种想法会助长有钱不是必需的也并不重要这一错误观念的延续。

对于我们四姐妹来说，金钱永远是首要目的，在其他任何女性能想到的重要的生活成就之上：婚姻，家庭，社会。

在其他事情可能会发生之前，至少看上去会发生之前，我必须实现财务目标，我必须学会自力更生。

我亲眼看到了母亲的局限性，这个局限性源自她感觉她在婚姻中处于弱势地位。她觉得似乎她买什么都要经过我父亲的允许，而且他们俩都认为，在重大决定上他说了算。总而言之，我要表达的是，在这个关系中，他比较重要，所以他的观点、愿望和决定应该放在首要位置。

拥有属于自己的钱。对这个观点千万不可掉以轻心，也不要认为它只适用于其他女性而不适合你。

为什么要有自己的钱？为了买你想要的东西是一个显而易见的原因。无论数额是多是少（就现在而言），它都是你的钱，你可以任意分配、花销，或是存起来。谢天谢地，如今大多数女性都不再因"零花钱"而被她们的丈夫捏在手里。这里"零花钱"指的是丈夫给妻子的一笔小额补贴，用来给自己买一些小饰品。这个术语源自亨利八世的妻子，她把饰针从法国引进英国，于是丈夫们就从他们的开销里划出一部分钱给他们的妻子来购买这一奢侈品。

另一个原因是它可以带给你诚实和自信。如果你没有一笔应急基金的话，很有可能你就不会随心所欲地做出正确的或者不违背良心的事情。我的朋友乔安娜·科尔斯称它为"去他妈的"基金。我喜欢这个叫法。就像她说的那样，有一笔小钱，如果工作上的事情真的变得很糟糕的话，你知道你可以随时走人。她在20多岁的时候周末做兼职自由作家，有了点积蓄，所以她知道，就算有什么不好的事真的发生了，她依然能够生存下去，这给了她自信。

要自己有钱的另外一个原因是为了不用再解释或是征得别人的同意。我赞同诚实，尤其是正直，但我相信这是有限度的。有了自己的钱，我可以随意地向我的丈夫撒谎（至少到现在为止，但或许他还会继续允许我耍这些小花招）。这种做法无数次拯救了我们的婚姻。

有一次，他发现了一张莫罗·伯拉尼克（Manolo Blahnik）鞋子[1]的收据，然后异常愤怒。我设法使他相信这张收据是好几双鞋子的价格汇总（其实就一双）。就算他不信，他能说什么？是我付的钱。不过，我如今会把收据都藏好，然后随便编一个他能够承受的价格。这挺有意思的。

还有一个更深层的原因：你可以摆脱依赖和贫穷——心理上的和实际上的。对我而言，这是一个最复杂的真相。我不愿意花别人的钱。我知道不止我一个人这么想。

作为一个金融投资者和理财专家，我经常充当神父的角色。我的办公室，或是吃午饭和喝茶的茶水间，经常被大家用作忏悔室。在那儿，我的女性朋友、客户、助理，还有业界的同行，都会向我诉说他们内心深处有关钱的秘密。我在

---

[1] 莫罗·伯拉尼克（Manolo Blahnik）被誉为高跟鞋中的"贵族"。如果说阿玛尼是奥斯卡颁奖礼的"制服"，那么莫罗·伯拉尼克就是奥斯卡颁奖礼"唯一指定用鞋"。——编者注

纽约遇见过一些最富有的女性，我可以告诉你，她们花不是自己赚来的钱会感觉不自在。

在我的领域——我相信对其他领域亦然——金钱带来权力。也许应该如此，也许不应该如此，但这是事实。花别人的钱感觉怪怪的，我不想把经济权力交给任何人，所以我必须自己赚钱。就我看来，能自己照顾好自己是我作为一个成年人在这世上的当务之急。

我的小妹莱斯利是我们家五兄妹里唯一一个不出去工作的人。在2008年股崩之前，她是华尔街上一家知名公司的杰出的分析师。那时，由于生了第一个孩子，接着生了第二个、第三个，加上金融市场大环境的改变，她很容易就选择了待在家里和孩子们在一起。曾经一度，她并不后悔自己的决定，但是她也说，她不喜欢受她老公的压迫。虽然就她而言，她存下的钱让她能够自由选择，并不会因为辞职而感到无所适从。对于很多女性来说，她的选择很大众化，但是在我们家，她却成了个另类人物。

拥有属于自己的钱。不单单是为了好玩或是体现自我意识，拥有自己的钱给了你权力和选择。

关于金钱的谎言

有什么深奥的东西阻碍着女性去追求金钱所带来的权力和机会。除却我们用以辩解的托词和说明以外（我在下面很快就会谈到），还有着一个非常大的谎言——无疑是个天方夜谭——这种从来没有被说出口的，甚至都不能算是有意识的思维，导致了女性在金钱上的自我放弃：

一个管理和掌握自己财政的女人注定将在个人生活上失败。

而在相同情况下，换成男人则会取得成功。

我知道这听上去很糟糕，但是自己存钱买房的女性会被（错误地）看作有成为"剩女"的倾向。同样是自己买房这件事，男人做起来，人们就会认为他们是为娶妻生子、成家立业做准备。

有一位50多岁的女性，她最近羞中带怯地告诉我的一位做金融顾问的朋友说，她有着6位数的收入，但是她拒绝为自己的将来存一大笔钱，因为这给她的感觉就像是竖白旗，向上帝诉说她投降了，并将孤独终老一样。

我们现代女性纠结于既不合逻辑又不靠谱的信念。我们期待男性来帮我们带孩子、做家务；同理，难道我们不应该为家庭收入做贡献，以及为我们的将来理财吗？我们是不是应该把自己赚很多钱看成嫁得不好？或者男人是不是也该把照顾孩子看作他娶了一个无能的妻子？

我从来都弄不明白，为什么多数女性，甚至几乎所有女性，都不想去赚钱——工作和投资两者都包括。以我们都想长到身高175厘米、4号身材（对于凯莉·蕾帕的粉丝而言，则是160厘米，0号身材）的那种渴望的方式去赚钱。

讽刺的是，一些女性表现得好像她们越有钱，就越不想去了解它。有些情况下，如果钱不是自己赚的，她可能会觉得自己没有义务去学习金融知识。她是不是觉得她就应该被人照顾？或是像我母亲那样，是不是觉得她没有权力去主动争取和被平等对待？依靠男人，甚至自己的男人，不是解决办法。他们可以挥霍掉你的钱、输光它，或是让你一个人去收拾烂摊子。当然，你同样也可能这么做。

男性并不是天生就喜欢去了解钱。区别在于，他们不认为他们可以奢望拒绝它。他们要么努力了解它，要么装作了解它。

你必须停止把自己的财政大权交到别人手上或者老天手上。老天爷对你的钱可没有什么计划。

10个金钱陷阱（以及如何摆脱它们）

纵观整个金融领域，我并不太担心职业瓶颈和女性对自己要求过高，我担心的反而是女性自设的障碍，为了巧妙地掩盖自己不管钱而找的借口。有时候，掌管意味着自学和积极参与整个过程。它不一定总指赚钱。

陷阱1.谈钱不浪漫，不礼貌，不合适

如果你和你的"男神"骑着马奔向夕阳，你可以不必谈钱。在魔幻王国里，你的城堡不太可能需要抵押贷款。对于其他的一切，不谈钱的话，除非你生活在童话里。

你或许相信"谈钱不浪漫，不礼貌，不合适"这个谎言。也许这让你感觉尴尬和窘迫。谈钱会伤感情，然后引发各种各样的信任和价值的问题，还有其他现实的事情，比如，谁善长处理它。你可能相信你能凭借你们之间的感情和承诺来解决任何分歧。

随着年龄增长，你大概明白了谈钱只是个开始。你也许还没有过考虑与钱相关决定的经验。作为一个十几岁的青少年，你甚至可能都没意识到那些谈论会发生，因为这些事情都是关起门压低了声音讨论的。

这是旧时代的遗留物。就算你相信谈钱是不浪漫的、不礼貌的——你很有可能这么想——你还是要去做。哪怕谈钱比谈性还难，你还是要去做（我指的是谈钱）。

女性更愿意选择保持沉默。我们中有太多的人讨厌在工作中畅所欲言，我们可能对我们的配偶或是爱人也一样。有时我们要做很多我们不愿意做的事情。真的有人喜欢用牙线剔牙吗？但为了牙齿健康，我们不得不做。

金钱是你生活的一大组成部分。它是你和你未来的，或是实际生活中的另一半必须要针对的进行一次谈话（或是很多次谈话）的主题。它关系到每个你将做出的重大决定。你必须知道是什么促使你去花钱，或者至少能够结合你爱人的动机和信念，有时要愿意并且能够在某些事情上做出让步，否则它会变成无形的、难以克服的障碍，从而影响你们之间的关系。

就把它想象成你在谈论性的话题。你会不会借钱去买你买不起的东西，还是保持贞洁直到财务状况允许你去买？什么使你欲火焚身？花钱买衣服，度假，娱乐，家庭用品？负债吓到你了还是让你兴奋了？如果你们有孩子的话，是不是应该留一个人在家？赚钱是不是就意味着你做主？

钱——赚钱、花钱、存钱——渗透到生活中的方方面面，从你想要什么样的房子，到有了孩子之后会有什么变化。你将来还有一些潜在的义务，像是帮助年迈的父母或兄弟姐妹渡过难关，以及什么时候一家之主计划退休，等等。

我会告诉我的女儿们，贫穷只能浪漫一段时间。我知道，我的话听上去太过直白。但是，这是事实。人们有不同的价值观，不管赚多少钱，他们都可以觉得幸福和成功，我的一个朋友在和他父亲的一次谈话中抓住了这个现实：

父亲：生命中最美好的东西都是免费的（The best things in life are free）。

儿子：那么免除一切烦恼的自由呢？难道不是一桩美事（What about the freedom from worry? Isn't that a good thing to have）？[1]

摆脱陷阱重要的第一步：知道你拥有什么。在你和你伴侣能够成为一家人之前，你需要知道你们各自能够为这个家带来什么。让我们从头开始——你知道自己实际有多少钱吗？你或许会吃惊有多少人不知道。也许他们知道一两个账户里的钱有多少，但是其他账户就不清楚了。同样重要的还有，你必须知道你的债务情况，包括按揭、信用卡账、学生贷款、房屋净值贷款、银行贷款、私人贷款，或是类似税金一类的债务。这些信息是有用的，而且是必需的。万一出了差错，很容易就能发现。而且知道一切井然有序也会令人心满意足。这是一切其他事情的起点。就算你不当家，你也应该知道这一切。

然后，第二个坦率的问题是：所有东西都在哪里？你的账号、按揭，以及其他债务或是证券，寿险或是其他保险文件，它们都在哪里？你在哪家公司有账号或是欠哪家公司钱？

想！马上！！

你知不知道你母亲的遗嘱在哪里？那你的又在哪里？你能不能锁定一张清单，上面有活期账户、储蓄账户、养老金

---

[1] 这里是free的两个用法，父亲指的是无价/免费的，儿子指的是自由。——译者注。

账户，以及投资账户——包括各种密码。

你有没有为了防止某件东西遗失，而把它藏到了一个特别的地方，没想到后来你忘了那个特别的地方在哪里了？文件、保险箱和钥匙，还有首饰经常被这样藏不见了？

你的纳税申报表和备份数据都放在一个地方吗？碰到被查账已经够糟了（这不是你作为一名纳税人老不老实的问题；这是关于纳税简介和概率的问题），但是如果你不把文件乱放而加大自己的工作量的话，你就能少吃点苦头。

如果你即将成年，不妨开始和你的父母讨论这个话题。如果你父母已经上了年纪的话，在他们还活着并且还有能力的时候，向他们获取所有相关的信息。如果你配偶知道的话，开口问。这不是什么你应该畏惧的事情。如果有人有你的医疗记录，难道你不想看看？那么为什么不看看你的财政记录呢？

你必须自己找出你拥有什么，你和你的另一半共同拥有什么，还有你可能肩负的责任。这是你所有其他计划和决定的基础。

陷阱2. "相信我，我会照顾你"

在我们的文化中，给女性的信息就是我们天生是被人照顾的。但是现实是，我们往往是照顾他人的那个人，甚至忽视了自己的经济保障。只要看一看任何一集《家庭主妇》

（The real housewife），你就会知道我说的是什么了。

我们相信配偶或是爱人所说的他们会照顾我们的话。我们相信我们的父母，他们经常传递着一个信息，那就是他们将永远是我们的依靠（从没想过他们的情况会戏剧性地、迅速地颠倒过来）。哪怕在脆弱的经济时期，我们也很容易相信我们公司和老板的话：我们很有价值，我们公司会好好待我们的。

但是，大多数情况下，虽然他们的出发点很好，却不一定总是做得到。你绝对不能只依靠别人来照顾你，并且有能力照顾你。这里面有很多原因，有些也许是谁都不能控制的，由一种关系带来的经济保障的承诺并不总是能够兑现的。

就许多女性而言，收到"我会照顾你"这个信息，让她们很容易就转换到等式的另一边——"照顾别人"。在她们看来，抛开外出赚钱养家的压力十分具有诱惑力。掌管财政大权是很多人都不愿忍受和分担的一种负担。

出去工作很艰难。要想成功，要经受压力、竞争、复杂的政治斗争，以及更复杂的条条框框。讽刺的是，我相信，外面的压力比起每天照顾孩子和管理一个家——而且还是免费付出——算不得什么。并不是每个女性都这么看，但是如果你家里有双胞胎（就像我），或是两个小宝宝，其中一个有疝痛，你立马就会知道我说的是什么。

作为女人，我们可以承受压力，还可以赚钱，甚至是赚大钱。不管我们工作还是在家待一段时间,我们可以有更多的选择,以及更多的真正的保障,而不是更少。

让我们从金钱的层面来看待这件事情,而不仅仅是从职业的层面。一个女人很容易把她的首要工作当成组织和管理开销,而不是赚钱或是投资。如果没有了收入和存款的来源,那么最终她就会陷入困境。照顾家庭和孩子的那些技能固然重要,但是只有那些是远远不够的。

如果你觉得你不适合过问家庭的经济状况,这不知怎地逾越了你的界限,那么你的这种做法对自己危害匪浅。再一次,回想一下医疗记录的例子。你应该了解自己的财政状况。这对你和你的孩子都很重要。你需要知道,你老公的家庭的财政状况是不是携带了某种"病毒"(家里的钱快用完了),或是有着良好的基因(上大学的钱已经存好了)——无论哪种情况,根据你的方法和目标来存钱和花钱;别依赖别人以及假设来让你在经济上有所保障。

也许你们分工和谐,撇开你的工作情况不谈,你主要负责家务,他则负责财政。你们俩都相信自己为了这个家庭竭尽全力,做了"正确"的选择。你们俩也许会善良地忽略对方对自己的那部分责任完成得如何。

总有那么一天——统计上讲,这个可能性非常大——你可能会需要了解你的财政状况,你可不希望到时候大惊失色。然而,一个男人却很可能一生都不需要了解怎么管理一个家和照顾孩子。

当妻子发现一抽屉的未付账单，或是两次、三次抵押贷款文件时，她们才会知道这个家庭真正的财政状况。这种事太常见了。也许丈夫瞒住妻子的用意是好的，但是当她不幸成为寡妇或是倾家荡产时，她将遭受到双重打击。夫妇一起越快面对现实越好。

关于此问题，我个人也有过想起来就有些羞愧的借口：我的钱是用来分享和消费的，为了我和我家庭的现在和将来，劳伦斯的钱也是。但是他还得负责赚钱养家；当有什么事情发生的时候，他要在经济上给予我们保障；他还应当负责孩子们的储蓄基金。

我不知道这是出于性别歧视还是生物学上的特性，但我老觉得我只对孩子们的情感健康负有根本的责任。虽然我赚钱，也有自己的存款，虽然劳伦斯是个尽职的父亲，但是那些老套的责任分界线仍然存在。在我的心里，他是我最后的支柱——最终的责任不在我这里，而在他那里。他对我们家的财政健康有着根本的责任。

我曾经很喜欢这个谎言。但现在我洗心革面了，我知道，我对家庭财政保障同样负有责任。

走出"相信我"陷阱的第一步就是：弄清楚"你的"、"我的"和"我们的"之间的区别。如果你和你的爱人共同承担家庭和生活支出，这个问题就没法逃避。你必须绝对清楚谁的钱是谁的，谁负责什么开销，什么是共同承担的，什么是共同的"额外"支出（娱乐，旅游，家居装饰，人情开销），以及什么是个人的选择和责任。

你们的钱是分开的？合在一起的？还是两者皆有？我和劳伦斯所做的可能有点不正规，但是却很有效。我有自己的钱，他也有他的，我们各自拿我们的钱去投资，或者有时合起来投资。偶尔，我会为他和孩子们投资。举个例子，我们各出50%买了现在这套公寓。但是我们只有一个共同账户——一个活期账户用作"日常开销"。我们每人都往里存相同数额的钱，用它来支付我们共同承担的幼儿园、食物、教育、活动、娱乐、衣服、一些慈善捐款和其他一些用于经营有着4个孩子的家庭的日常花费。我们可以自由支配自己的钱，用不着经过对方同意。因为我们在物质上有着不同的轻重缓急，出于不同原因，帮助亲戚或支持爱心计划，很多的选择都会引起紧张、争论以及一触即发的冲突。这就是为什么我要谎报鞋子价格的原因。

如果你有钱，可以自己支付某样不为别人接受的东西，那会让你大大地松一口气。我完全明白大多数人都无法做到这点，但如果你能的话，请你保持。哪怕只有一点点钱。那样一来，你们中的某个人就可以买现代艺术和摄影作品，而另一个人则可以买一块陨石或是一个古生代时期熊的骸骨放在他的办公室里。我没有特指某人，我只是举个例子罢了。

陷阱3.女性太过情绪化，或是太冲动，不适合在财务方面做一个好的投资者或是策划人

女性比男性更容易透露情绪，但是，这并不妨碍我们做出理性的决策。《大西洋月刊》2010年7/8月号的封面故事——"男性的终结"——揭露了"传统性别分歧的映象：男性及市场无理性和情绪化的一面，以及女性冷静和稳重的一面"。

一个接一个的研究表明，就市场周期而言，女性比男性表现得更理性，也许是在生物学基础上有着比较低的雄性激素的缘故，使女性不太愿意逞能冒险。男性交易得更频繁一些，导致更多的手续费和追加投资，从而，平均下来，妨害了他们的利润。相反，女性比较坚持，这样就避免了买在价格峰顶却卖在谷底的行为。

女性最失败的往往是深受某种成见所害，认为自己太感性或者太冲动而无法理财。也许这是个借口，抑或是掩饰，但是归根结底，这种成见并不真实，你不能全听它的。就算你觉得自己是感性的或者任性的，也不妨碍你弄懂如何理财。尽管每次回到家，你会为某人留下的一池脏碗而大发雷霆，为结婚而哭泣，或者无法抵制鞋子大打折的诱惑，可这并不意味着你不能熟悉和了解金融的基本常识。

走出"不是好的投资者"这个怪圈的第一步就是：制订

一个理财计划。不管你是初级水平,还是略有所知、有点水平,如果没有理财计划,一个你所理解的计划,你就不可能成为一个成熟的女人,进入一个成熟的阶段。如果你照着下面这个必须要做的清单去做,你就上路了:

◆ 改变你的预期,意识到你从现在开始就要建造一个财政基础。不能再等待了。这种思维的转变是不可逃避的。

◆ 还清或是还掉一点信用卡账单。我的朋友珍妮特曾害羞地向我承认她有信用卡账单,但是却不愿动用她的积蓄来把它付清。不管我多少次跟她摆数字证明她已经成为信用卡公司的一笔很棒的投资,她仍然觉得储蓄账户里的钱是她的安全保障。我懂应急基金(她的储蓄)这个概念,但是这个方案就像是在大雨天,在为你的房子装挡风雨条的同时,却大开着窗户。

◆ 储存你收入的10%(如果你可以的话,再多存点)。

◆ 放满你公司养老金所允许的最大限额,这样你能得到公司的最大补贴,所以存钱就等于赚钱了。再多做一步,查看并更新你的投资分配。

◆ 如果你有自己的生意,你是自由职业者,或者你所在的公司不提供退休福利,那就马上花30分钟开一个个人退休账户,罗斯个人退休账户,或者简易雇员退休账户——这些都很容易开户,主要区别只在于开户资格,这取决于你的收入高低,还有你每年能投资到账户的总数。你将会获得重要的税收利益,以及开始积累自己的财富。

◆ 每个月准时偿还你的学生贷款直到付清为止。一般来说,即使你申请个人破产,也逃不掉这笔债。你无法摆脱它们,所以把它们付清吧。同样适用的还有小孩的赡养费。

◆ 如果你不包含在你父母(如果你不到26岁)的医疗保险套餐之内,或是你的公司没有这项福利的话,买份基本的医疗保险。

◆ 买人寿保险,还有意外险,如果你有小孩,或者你负责配偶、亲戚或其他被抚养人的开销的话。很不幸,保险这东西不是当我们生活不忙碌时可以再补的,所以尽早买吧。如果你能负担的话,不妨考虑长期的医疗保险。

陷阱4. 所有女人都乱花钱——这肯定源于对收集物品的生物冲动

我们来做这样一个约定吧。一定的花费是可以的(事实上,美国的繁荣兴旺还指望着这个呢)。但认为消费是有益的,能让我们感觉良好,或者帮我们很快融入群体等类似的论据,实际上只是一个财务决策,可不会对你有任何帮助。这是一个相当疯狂的理论根据,不是吗?胡乱花钱感觉像是一种生物冲动——就像吃巧克力一样——但它其实并不是。

这种理论正是每一个锁定女性为目标的消费品公司所希望的,他们算盘打得很精明。女性在本应该考虑储蓄和投资的时候，却把大把的钱都撒在了享乐、消遣以及寻求心理慰藉上。

事实上，我体会到很多的自由来自不花钱。我的净资产增长得越多，我对物质的兴趣就越低，更愿意去储蓄和投资。我不知道为什么会这样。我的想法可能有点自我安慰的味道：我想要的话应该可以得到，我只是不需要而已。我不介意花大价钱买我觉得有价值的东西，但我并不经常这样做。

走出"乱花钱"的第一步就是：在你的能力范围之内花钱，坚持攒钱。偶尔花钱买样好东西，并让它成为你一整年或者好几年的自信的象征。如果你真的拿到了一笔奖金，存掉90%，用剩下的10%犒劳自己。

学习量力而行是学习控制你的财务的一个最重要的概念。这是财富流入流出的最基本概念。趁着你还年轻时学习掌管财务是最合适的。当你刚刚起步的时候，教训相对容易承受些，然而你要逐步积攒经验和教训来实现你的目标（可能是买你心仪已久的东西）并且培养储蓄的习惯。做一个储蓄者，赋予自己自主权。

作为一个国家，我们在将消费控制在能力范围内这方面做得实在太糟糕了。我们只在意当前的需要，而把如何埋单的担心抛诸脑后。我不知道我们大家是否意识到，把危机击鼓传花下去并不能解除危机，而坚持量力而行会令你万分欣慰。

陷阱5：太害怕了而不敢去想

在你的生活中，你做过什么样的事情，结局比你事先所害怕的还要令人胆寒？也许没有。无论是公开演讲、独自旅行、搬到一个新的城市，还是决定和某人同居或结婚，甚至是要孩子。

研究表明，做艰难的或者令人害怕的事情实际上会带给我们更多的愉悦和满足，而不是更少。心理学家托德·卡什丹在他的书《好奇？发现实现美满人生的缺失要素》（*Curious? Discover the Missing Ingredient to Fulfilling Life*）中，解释道："不管是艺术、音乐、体育、话题，还是食物，无论是什么，如果你在其中发现了什么新的有挑战的东西，比起在一个四平八稳的情况下，你会更加投入并感受到更多的欢乐和愉悦。"

这个发现用金融术语可以概括成：尽管大多数人在得知退休所需的财务支持的数额时会吓傻，但是，当他们度过了焦虑期，他们会更加开心。雇员福利研究机构的年度退休信心调研中发现，42%的人用猜测来决定他们的退休储蓄的数额。比起这些人，那些认真计算过的人会更有信心去实现目标。不要让对金钱的恐惧和对攒不够钱的焦虑去妨碍你获取信息，为将来做更好的规划。

你需要获取并了解你的风险承受能力。你是不是更倾向于拥有一个比较稳定的现金流，还是你需要机会来得到更多盈利？理解以下观点异常重要：一个风险比较大的投资组合（比如，高价值的股票或者高利率的债务）并不能保证更高的回报（或者它不被认为是有风险的）；它仅仅给你一个可能得到高回报的机会。你还需要理解的是，即使什么都不做，比如，把你的所有积蓄以现金或债券的形式储存，也会承担风险。就像70年代的高通胀时期，现金就不如其他资产——比如房地产——那样能保持它的购买力。

你没有必要再做无用功了，你可以就要一个简单的投资组合，包括一些现金，债券和共同基金或交易型开放式指数基金的股票。你就像买股票一样购买那些基金，但是它们跟踪的是一个比较广的股票指数。

陷阱6.你自以为数学不好而不能当一个聪明的投资者

女人同男人一样，同样具有数学能力。事实上，为了学习金融，不一定要先学高等数学，大概八年级的数学就够了。一次次，我们看到那些全世界最聪明的金融头脑发明的复杂数学模型经历爆仓。一个好的投资不需要过度复杂。事实上，我们最好的那些投资极少是复杂的。好的投资需要容纳更多犯错误的空间——这才是一笔投资好的原因。一个需要超精细调节的模型只能告诉我这没有犯错的余地。所以，你只需要简单的数学就好。

试想一下你像现在的孩子接触脸谱网（Facebook）、智能电话和电脑游戏时的那般年纪时就开始学习金钱与投资。他们生在数字时代，科技语言对他们而言，就像说英语那样自然（英语可比数学难多了），而且他们不惧怕学习新的事物。

关于我的孩子们，我希望他们步入这个世界时，明白他们要自己照顾自己，并且有足够的知识做到这一点。对男孩、女孩，我都这么希望。我们教他们储蓄；我们教他们花钱、考虑利息和理解债务。他们每人都有一笔零用钱。他们必须把其中1/4存起来，1/4捐给慈善机构（我们计划一年一次），剩下的他们可以任意支配。在极个别的情况下，他们可以向我们借钱来买他们想要的东西，但是他们得有一个配套的偿还计划。老实讲，教会他们金钱的价值将是我们一直要反复做的事情，直到他们学会为止。

这些概念都很基本。但不管是孩子还是成人，我们都需要克服恐惧。你已具有所需的所有能力。唯一欠缺的只是制订计划的意愿。

走出"我是数学或数字白痴"的第一步：寻求专业帮助（我没有要你退缩的意思）。这无关乎我们有多聪明或者多精于数字。我们在财务计划和人生计划方面都需要帮助。寻求帮助没什么丢脸的，也别有挫败感。因缺乏知识而感到不好意思，从而不去寻求帮助可不是个好借口。我不会因为我根本就不懂引擎怎样工作，就不把我的车送到修车铺去。

花钱请顾问能有好多种选择，但我总是建议从免费的开始。进行一点点自学总会有助于成功。你去学校是为了工作和活得充实所准备。如果你不是读书的料，就从现实生活中学习，很有可能你已经教会了自己很多。

现在把聪明才智运用到你的财富和投资上来。你能通过很多渠道学到基本知识，像是参加公司赞助的研讨会，从某个出色的金融网站上发掘机会，比如，女性金融理财网（LearnVest.com），女性理财社区（DailyWorth.com），富达国际（Fidelity.com），或是阿默普莱斯金融（Ameriprise.com），他们都有私人理财师或投资顾问，或者去当地大学报一门课。甚至我们沉溺于电视的嗜好都是学习投资的渠道：关于财富，苏西·欧曼有好多东西要教给我们，喝上一剂她的财务良药会使你感到健康和愉悦，特别是当她用标志性的幽默和现实主义的态度来传播建议时。

顺便说一下，苏西私下里也是这个性格。我是在CNBC和她共事的时候认识她的，我发现她私下里就很有趣，并且总是乐于助人——无论是公事上的问题，还是作为朋友。我对她有着特殊的感情。多年前，苏西听说我妈妈生病了，便主动问我有没有什么她可以帮忙的。我有点放肆地告诉她，我妈妈很乐意听到她的问候。我们刚刚挂掉电话，她就用另一部电话给我妈妈打了，这令我妈妈那天非常开心。对于一个对财富很感兴趣的犹太妈妈来说，接到苏西·欧曼的电话问候是件多么光荣的事啊。

在人生与收入的不同阶段，当你有了一些特殊需求时，能得到专家的建议是特别有益的，也是必需的。无论是购买第一栋房子，还是为你孩子们的教育计算，又或者是为一个亲人的长期护理存钱，你可以把你不断发展的金融计划想成是你对你现在的家或公寓的一次翻新，这样不但可以满足你现在的需要，也能满足你今后生活的需要。我们中没有几个人可以在缺少帮助的情况下去翻新房屋。

如果你打算请一个收费的财务顾问，那还有一些事情要考虑。有好多地方可以去——近的可以是像美国银行、摩根大通或安盛集团的一些分行。如果你的财务顾问是那些地方的，极有可能他们会给你介绍一些内部产品，比如，他们自己的共同基金股票或债券基金。这些产品可能适合也可能不适合你。确保比较一下其他非内部的产品的收费。还有就是你可以选择一个独立的财务顾问，他们按照你的资产收费。在选择产品上，他们会比较客观。记住，你还得比较佣金和手续费的高低。

我们都需要帮助和顾问，特别是当我们有新的财务状况和目标时。我曾经寻求的帮助有税务规划、大额的礼物支出、为我的孩子们建立529计划[1]，还有房产规划。

---

[1] 529计划是由美国各州发起的大学教育储蓄计划，以其在美国国税局法规（Internal Revenue Code of 1986）中的条款编号而命名。——编者注

陷阱7.你年纪太大了或者不堪重负不能学习金融

如果你还没有执掌过你的财政，也没有参与过什么重大决策，你有可能觉得太晚了。为什么现在开始呢？如果你不是这个情况，可能你的母亲、你的姐妹或是你最好的朋友会遇到这个情况。

对于那些丧偶的女人们来说，配偶刚去世的那段时间是非常难熬的，她们悲伤的时刻就是她们必须承担起家庭财务的那一刻，这对于她们来说几乎就是一个超级累赘。我把这比作剖腹产生子。新生儿降临的那天真不像个进行大型腹部手术的好时候[1]，然而这种事经常发生。没人会来问我们什么时候才是学习理财的最佳时机，人生常有一些不期而遇，并不管它来得是不是时候。

只要我心智还正常，我绝不会为了改善自己的财务状况而给我的孩子们添加任何负担。我觉得这对你、对我来说，都不公平。我相信你也需要为自己的财政负责。只要你肯学，再老也不算晚。最基本的原则一百年都不会变的，尽管它们可能会有不同的叫法。

走出"不堪重负"陷阱的第一步是：年轻的时候，尽你所能培养一个金融身份。如果你是单身，你的账户就只有

---

[1] 这里，作者似把"剖腹产生子"视作两件性质相反的事情的叠加，一是新生儿降生的喜事，二是要动大手术的不幸事件。——译者注

你一个人的名字，包括你的租约、房屋贷款、信用卡甚至是电话账单。有些家庭主妇，甚至一些有收入的女人，可能根本没意识到信用卡不在自己名下就无法建立起自己的信用记录。你会发现你无法接触到自己账户的信息，因为账户在你配偶的名下。用公司术语讲，你是一个没被授权的用户。

烦心事总是有的：疾病，关系危机，财富缩水。确保你是一个共同签字人、共同拥有者，或是独立的持卡人，或是账户拥有者，这样你就有了自己的金融身份，能够保护你的基金和信用记录，一旦有需要，你可以随时取到钱。你需要自己来打造你的金融身份，即使你觉得你可能永远用不到它。

陷阱8. 嫁个钻石王老五，你就一生无忧了

白手起家的有钱人通常都是强势的人，他们习惯于得到他们想要的。当你是他们想要的那个人时，和他们在一起可能会令人非常陶醉。但是就我看到的那些，我也不知道为什么，越有钱越强势的人，他们就越花心，使得很多女人受到伤害。

再有就是富二代。这是另一种完全不同的矛盾。通常金钱总是伴随着附加条件的——真实的或是想象的。和他们讨论家产的时候总会遇到一些障碍，如果你这么干的话，你会被看作一个一心傍大款的人。所以，看上去美好的东西，事实上也许并没有那样美好。

如果你要离婚了，又或者他要死了，很有可能你没法得到任何财产，即使你的孩子们可以得到。有属于自己的钱能化解很多矛盾。从"找个金龟婿"这个陷阱走出的第一步是：先从陷阱1和陷阱2开始，找到你拥有的东西和知道它在哪里。你会觉得更加镇定，即刻充满了力量。

陷阱9. 你的财务令你非常满意，所以就算沾沾自喜也没什么问题

也许你家里有些钱。也许你赚到了些钱，已经开始存款，还在构建一个重要的储备金，并且假设一直会这样下去，你觉得可以稍后再为今后的退休盘算。也许你觉得你的人生还没有定向，任何计划看似都是胡乱猜测，那为什么现在就要庸人自扰呢？总有一些原因听起来很有道理、很合逻辑，让你能把考虑金钱的事暂时放一放。

很多年来，我被工作、孩子和我的计划清单搞得不堪重负。我曾是典型的职业女性，执着于一心多用的同时处理好很多事情。

在金融领域，当我从活期存款户头把钱转到储蓄账户，就已经是个很大的成就了，不用去在意除了投资自己的基金外，我没有其他长期的投资计划。我一直对没有及时更新遗嘱而感到内疚，但我把每一刻闲暇时间都花在了工作、安排和管理上了。我觉得我已经很忙了。有一天，一个电话把我

吵醒了，某个合伙人跟我说了一些他为家庭做的计划和一些投资。如果他有时间这么做，我应该也有。他的方案似乎很聪明、很重要也很积极主动，没人逼他这么做。

从理性上讲，我一直都知道我应该向前看，但是我忽然想到：谁会来掌管我的财务和理财计划？应该是我。我必须现在就开始。是的，我手头是挺宽裕的，但是我不应再自满。

那天，我开始调整了个人理财计划的次序，把它从计划列表移到了必做列表上。而另外一些在计划列表上的事情——有关公寓、购买礼物和制订社交计划——突然变得可以等上一天、一个礼拜或一个月。

我们每天的忙碌和一些要处理的常规小事，使我们无法静下心来制定我们的宏伟蓝图。你在商业领域涉足多深或者你有多少钱，都不重要。就像一个从来都不给自己做体检的医生，我们中的太多人无法安排时间来解决自己的财务问题。但这是一定要做的。如果你在等待一段长期的空档，在日历上写上"在这段时间学习理财"，指望将来能空出来整整30天给这个项目，简直是白日做梦。

> 走出"自满得意"陷阱的第一步是：在金钱上有发言权。

一旦你最终得偿所愿过上了美好生活，那么失去它的感受比你从未体验过更加令人难以忍受。这就是为什么在此时此刻,你必须守护好你和你配偶所建立的一切。

无知绝非福祉。无知就是无知。当然,把每一个重大的财务决策都压在某个人的肩上也是不公平的。每个人都需要一个参谋,哪怕是唱反调的——特别是当你并不知道你在做什么的时候,我们中没几个人自始至终都知道自己到底在做什么。

我遇见过许多女人,当她们丈夫的迅速致富计划,或是一些看似积极的计划最终并不是那么回事儿的时候,她们的生活会变得远远不如原先那般如意。我脑海里最先想到的是一个女人的例子,除却其他一些因素,由于她的丈夫把他们家大部分的钱都拿去投资中国的养猪场,而那些钱最终打了水漂,给他们家留下了一屁股的债,导致两人离婚。他根本没有在中国投资的经验,也没有经营养猪场的经验,结合这两点因素怎么可能不搞得满盘皆输?

有些时候,你们中的一个只需要问这个问题:"如果这个不成功的话,我们的状态会是怎么样?"当我投资基金的时候,我思考这些事情的方式就是:"在向上看之前,我必须先向下看。"

陷阱10. 这个和你完全不沾边

讲一个大家都明白的道理,你从现状起步,培养一个终生的习惯。

如果你有200美元，并且希望开始投资，这已经足够开一个免费的初级账户了。

这也适用于年轻女孩，她们通过帮人带孩子赚钱，或者在举行成人礼时得到些礼金。你可以从中抽取1/4或是一半来开你的第一个投资账户。

如果你正在职场打拼，尚且过得去，也许正在努力向上爬，或者试图向上爬，你可能不会觉得自己是个有本钱投资的人。但是你错了。你早先省下的一笔笔小钱，多年后能够变成一笔可观的数目。这些积蓄在你困难的时候可以作为一个缓冲。等待虚无缥缈的所谓机会或者是更多的收入，不是一个正确的计划。给自己一些应得的自信和安全感。盘算金钱与财富并不是你将来要做的事情，而是你现在就要开始做的。

走出"没有准备好"陷阱的第一步是从小事开始着手，边做边学。这也许是关于掌控你的财务的最最重要的一个概念：一个金融画面里有两个部分——金钱流入和流出。很多时候，金钱流出的那个部分是你能够控制得比较多的地方。

我们中任何人都能找到一个办法来节流和做更多的投资。这使得你向制订理财计划和注资投资组合迈出了第一步。一旦你开始建立你的储备金，你总是希望看到它不停增长。

有这么一个做法，每次发工资，立马拿出一部分存起来，然后只花剩下的。这个做法很有用，明显比你先随意花钱，然后剩多少存多少更有用。（说老实话，你剩下过钱吗？）你应该换个角度来看这个问题：在我每个月往储蓄账户里打入一定数量的钱后，我怎样才能用剩下的钱周转？而不是先想如果我每月要花某个数额，我怎么样省钱？

不要挡自己的财路

本章提到的所有借口都会与一些女人产生共鸣，至少在某些时候。其实它们在男人中也有市场，但是绝大多数男人都不允许自己向这些借口妥协，你同样也不能。你需要抛开这些借口和那些你抓住不放的谎言，为自己建立起一个财富计划。

正如前不久一个朋友对我脱口而出的那样："我不能再继续挡自己的财路了。"

结束语
那个错过的男人

　　不论是在工作上，爱情上，还是家庭和友谊，一味等待和期望成功的到来，不能算是一个规划。要在人生的所有舞台上致力于成功——争取它，为它谋划，期盼它——这会给你带来更多的机会（选择），使你变得快乐。

我们家有辆很烂的车。为什么？因为它已经很烂了，所以我们根本用不着关心它，也不在乎它怎么样。我们从不担心把它停在哪里。如果有了凹痕，我们也不管。我们的孩子为此感到很没面子，但是我们就喜欢这种没有束缚的感觉。

以前，我总是想要辆红色法拉利，我是个加州女孩嘛，但是当我买得起的时候，这种欲望已经消失了。这是一种从被金钱控制到试图控制金钱的转变。

我发现真正的奢华是不再需要担心钱的问题，这种奢华并不等于3000磅重的意大利钢材，外加奶油色的皮椅（代指法拉利之类的豪车——译者按）。从八年级学生理事会竞选时鹦鹉学舌般地模仿拳王阿里的小女孩，变成一个对冲基金的执行总裁，每天经手成百上千万美元的交易，一路走来，我对成功和快乐的定义也改变了。我的这种顿悟可以用一个故事来描绘，这故事是关于一个我从未向我丈夫提起过的男人的。

我读大二的时候，在伦敦待了一个学期——在伦敦经济学院混日子。这段时间我到处旅游和参观博物馆，这倒不是被逼的，而是我想这么做。在那一年之前，博物馆总是给我枯燥和疲惫的感觉，没有激情和活力。

我去国家美术馆看了莫奈的《睡莲》，去塔特现代美术馆看了罗伊·利希滕斯坦的《轰》（*Whaam!*）[1]，以及任何

---

1 美国波普艺术的早期代表人物罗伊·利希滕斯坦（Roy Lichtenstein, 1923—1997）于1963年以连环画规则虚线图像为资源创作的布面丙烯画。——编者注

介于两者之间的作品。我在现代艺术中发现了令人振奋、愉悦和叛逆的东西，而老派艺术给我的印象不是些压抑的宗教作品，就是些肖像画，哪怕画工再好也一样无趣。

在旅途中，我到海沃德美术馆观看了一场别开生面的演出，名叫"霍克尼舞台设计"。这不仅是在光滑的美术馆墙壁上作画的表演，而是一场大规模的"施工"。正如广告所言，那里有好几个巨型绘画展台，更像是巨大的透视立体模型。那里有矗立在黑色地面上的树林，伴着旋转的斜坡和彩色的拟人化的树木。那里还有面具和戏服，充满了孩童式的异想天开。使人耳目一新的是设计者以一种色彩斑斓的方式给这片树林注入了生命，并以此重新构思了一个歌剧舞台可能的样子。

就在那个伦敦的八月天，我爱上了现代艺术。在那场表演中有一幅作品叫作《算数先生》。我买了好几张它的明信片，并且告诉自己说："有一天，我会拥有这幅《算数先生》。"我爱它那种不把我所精通的数学规则放在眼里的态度。这幅画是一出独幕歌剧的背景，L'enfant et les sortilèges: Fantaisie lyrique en deux parties（原文为法语，《孩子与咒语：抒情幻想二重奏》）。我压根儿就不知道这是什么意思——伴奏的音乐来自莫里斯·拉威尔（Maurice Ravel）的作品，而剧本是科莱特的。霍克尼是这样来叙述故事和刻画算数先生的个性的：

在课本之外，跳出了一个吵闹的、不正统的小个子校长——算数先生，他开始迅速地列举数学问题，并且在书本之外跳出了好多数字。为了逗小男孩开心，这些数字乱跑乱叫，什么5乘以4是36啦，6乘以2是94啦，诸如此类。小男孩欣喜若狂，很自然地，他也开始乱喊错误的答案了。

让我们把时间快进20多年，到纽约上东区的一家艺术画廊看看另一场霍克尼的展览。这次展出几乎涵盖了他一生的作品——著名的西莉亚系列的一张肖像画，以毕加索风格的角度来描绘；一张来自20世纪60年代的平底水池绘画；还有一张21世纪初的绚丽多彩的风景画。因上次在伦敦的结识，这次就像是探访故友一样。这种重燃爱火的感觉让我兴奋不已，这段"爱情"留给我的是无限的多情和让我会心一笑的完美回忆。

不过，坦白讲，这场展出并非如我所期待的那样让我喜爱，但我不想破坏我的回忆，因此，我慢慢地从一面墙走到另一面墙，试着领会每一幅作品，留心它们的霍克尼式的特征。那活泼的原色调还在，并且绘画包含了霍克尼特有的智慧与奇思妙想，但是我的热情已然不在了。我想我体会到了文学专业的朋友有时候所感受的情绪，当他们重读一本他们在大学里划线、折角、加感叹号的书时，人到中年的他们会发现这书已经没有了最初的浪漫和意义。

我兢兢业业地逛完了最后一个角落。准备离开之前，我匆匆扫视了一下最后一幅作品，我看到了它——仅仅是那么一瞥，然后我又看了一下，就是那幅《算数先生》。我简直不敢相信我的眼睛。我从未忘记这幅给我留下极其深刻的印象的作品；只是没想到我还能再次与它相遇。这次我还弄明白了曾经如此钟爱它的原因。但这毕竟只是一幅小绘画，没有足够的、能让我继续陶醉、无法自拔的魔力与活力。在我人生的另一个阶段再次观赏它，曾经的感觉一去不复返了。

大卫·霍克尼的艺术品的市场表现一如既往的好。我在前台隐约看到《算数先生》的标价牌比起我上大学那会儿，已经多出了好几个零（尽管那时我根本不会去关心它的价格）。但就算以现在的高价，买下它，仍是一笔明智的投资。可我对《算数先生》已不再有爱，所以我也没买。

这个故事满可以讲成一段罗曼史：一个年轻女人去伦敦旅行，邂逅并爱上了一个男人（算数先生），1/4个世纪后，他们在纽约再次相遇，结尾应该是他们永远地在一起了。

我挣扎了好久是不是该买下它，甚至在脑中一遍遍不断地重复这个故事，但最终我不得不放手。这是我过去的一部分，而欢乐现已不在。我放逐了那个故事，放弃了那笔投资，放开了那个愿望，而腾出空间留给某些更加重要的东西。

啊，但是我非常开心，因为知道自己只要想要就能拥有。总有那么些东西，买下它会带给我们无穷的欢乐——从一套量身定做的完美衣服，到第一次成人度假旅行，第一套公寓或梦想家园,给父母举办的宴会,给儿子的第一套礼服。当我们选择为这些东西攒钱,并且积极地为自己和家庭的未来储蓄时,金钱变成了我们的盟友。它给予我们照顾他人和自己的自由,并且给予我们安全感,使我们能够尽情享受在自己力所能及的条件下所拥有的一切。

金钱不是一切,成功也不是,但如果运用得当,用在重要的事情上,它们能创造机遇和选择。尽你所能抓住所有时刻——还记得那个活在当下的教训吗——在前往下一站之前,让自己抓住快乐的时光。

不论是在工作上,爱情上,还是家庭和友谊,一味等待和期望成功的到来,不能算是一个规划。要在人生的所有舞台上致力于成功——争取它,为它谋划,期盼它——这会给你带来更多的机会(选择),使你变得快乐。你知道我有多喜爱"选择"这个词(原文"options"除了"选择"还有"期权"的意思)!

不要自己锁住自己,抛开你的怀疑和恐惧,相信你能经受得住失败,从中尽量多地吸取教训,然后茁壮成长。胆子再大些(比你以为你能做到的要再勇敢些,或者先假装,直到它变成真的),再自信些,并且善待自己。告诉我你的改变,我已经有些迫不及待了。

勇往直前。

感谢

某个睿智的女性曾经说过：培养一个孩子需要社会这个大熔炉，而我仅仅需要生活在纽约就能写出一本书。

首先，让我对杰弗里致以最诚挚的感谢，他是我终生的朋友，在精神上、行动上慷慨地教导我。这里没有足够的空间和时间来罗列所有我想要感谢你的事情，但是令我印象最为深刻的是你展示给我的完美的一课：最后一个邀功而第一个承担责任。

感谢珍妮特·戈德斯坦，你自始至终都一直陪在我身边，指导、解释、守护和聆听。我从你身上学到了很多很多——这是多么棒的一份礼物啊。

感谢约翰·布罗迪，你是我认识的轮廓最鲜明的服装师，带着最耀眼的编辑钢笔。谢谢你一直坚信你能够把一个对冲基金经理变成一个作家。

感谢CNBC的每个人。首先是苏珊·克拉克尔和玛丽·杜菲，你们发掘了我并且给了我机会，没人比你们俩更出色。对你们俩我表示由衷的感谢。致约翰·梅洛和莉迪亚·休——我不知道你们每天是怎么搞定的,但是你们太牛了。致梅丽莎·李——我一直都敬佩你的努力工作、理智,以及对所有事情都是分身有术。你是聪慧、幽默和美丽的完美结合。致我CNBC的伙计们——盖伊·阿达米,提姆·西摩,皮特·纳加里安,乔·泰拉诺瓦,乔恩·纳加里安,布莱恩·凯利,迪伦·拉蒂根和杰夫·马克:你们在自嘲和相互打趣中教会了我许多我以前不知道的东西,再没有什么更好的方式来度过下午5点到6点之间的这个小时啦,那是属于我们的欢乐时光。

感谢大都会资本的每个人——特雷西·杨,多拉·瓦迪斯,玛丽·埃伦·柯伦,格雷格·德雷克斯勒,卡利·施瓦兹,亚当·克罗克和伯纳·巴尔沙伊:与你们分享每一天是我的荣幸,我很感激。特别感谢凯瑟琳·海勒,我每天都给她来一个寻宝游戏,而她总能找到单子上的每样东西。

感谢编辑/阅读/再阅读团队:我的妹妹斯泰西,我的嫂子丽萨和我的经纪人梅尔·伯杰。我能禁得起一些批评,真的。谢谢你们每一位的睿智意见。

感谢锡尔达·斯必泽,我认识的最最优雅的女人。你把这份优雅发扬光大了。

感谢我的兄弟姐妹,温蒂、马克、莱斯利和斯泰西,他们是坦率、诚实的榜样,展示了如何才能实现自己的愿望。因为我们失去了母亲，我们以更深切的方式又重新找到了彼此。

谢谢你，爸爸和莎伦，感谢你们默默的信心和从容不迫的冷静。

感谢另外一个莎伦，我的婆婆，感谢你展示给我的勇气和坚持。

感谢卡尔·哈特曼，感谢你对我妈妈如此体贴。你们非常般配。

感谢朱莉·加里，珍妮特·艾森伯格和唐娜·布罗德，感谢你们作为女性朋友为我所做的一切，感谢你们的黑色幽默、爱与欢笑，以及讲故事的本事。我们曾一次又一次地患难与共。

感谢我的家庭，我生活的中心：露西，感谢她坚强的意志和自立；杰克，感谢他带来的大量的、温暖的、小狗似的欢乐；威廉，感谢他的冷幽默和关爱；还有凯特，感谢她的生活乐趣和直觉。最后，感谢劳伦斯——他鞭策我去实现人生的超越，因为你坚信这可以实现，或者正是你令它实现。永远深深地爱你。

卡伦

Finerman's Rules: Secrets I'd Only Tell My Daughters About Business and Life by Karen Finerman
Copyright©2013 by Karen Finerman
Chinese (Simplified Characters) translation edition copyright©2013
By Chongqing Publishing House
Published by arrangement with William Morris Endeavor Entertainment, LLC.,
through Andrew Nurnberg Associates International LTD.
ALL RIGHTS RESERVED

版贸核渝字（2013）第358号

图书在版编目（CIP）数据

C.K.主义：华尔街女王的职场精英养成术 /（美）费尔曼著；王莹译. -- 重庆：重庆出版社，2014.11
ISBN 978-7-229-09150-7

Ⅰ.①C… Ⅱ.①费… ②王… Ⅲ.①女性－成功心理－通俗读物
Ⅳ.①B848.4-49

中国版本图书馆CIP数据核字（2014）第304473号

C.K.主义：华尔街女王的职场精英养成术
C.K.ZHUYI: HUA'ERJIE NVWANG DE ZHICHANG JINGYING YANGCHENGSHU

[美] 卡伦·费尔曼 著

王莹 译

出 版 人：	罗小卫
策　　划：	华章同人
出版监制：	陈建军
责任编辑：	王　方
营销编辑：	王丽红
责任印制：	杨　宁
封面设计：	尚世视觉

重庆出版集团
重庆出版社 出版

（重庆市南岸区南滨路162号1幢）

投稿邮箱：bjhztr@vip.163.com
三河九洲财鑫印刷有限公司　印刷
重庆出版集团图书发行有限公司　发行
邮购电话：010-85869375/76/77转810

重庆出版社天猫旗舰店
cqcbs.tmall.com

全国新华书店经销

开本：880mm×1230mm　1/32　印张：9　字数：180千
2015年8月第1版　2015年8月第1次印刷
定价：36.00元

如有印装质量问题，请致电023-61520678

版权所有，侵权必究